JN058841

今日からモノ知りシリーズ

トコトンやさしい

土木技術の本

水、電気、ガスなどのライフラインの整備や、道路、橋、鉄道、ダムの建設や整備など、土木は私たちの生活に欠かせません。多くの人が携わっている土木技術の、事業の流れや学問領域を紹介します。

溝渕 利明

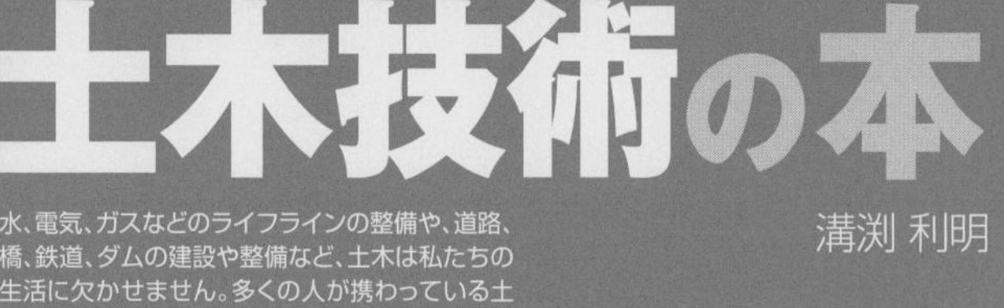

B&Tブックス
日刊工業新聞社

はじめに

以前、「土木の入門書というものはありませんか」と知人から聞かれたことがありました。土木が取り扱う範疇は非常に広いことから、「土木全般を網羅的にかつコンパクトに書いたものはないです」と返答した記憶があります。ある特定の土木分野の専門書は数多くありますが、これ1冊読んだら土木のことがわかりますという本は、私自身これまでほとんど見かけたことがありませんでした。今回、これを読んだら土木のことがわかる本を執筆してくださいといわれた時は、正直お断りしようかと思ったくらいでした。

一方で、土木を目指している高校生の方たちや土木工学科（名称はいろいろありますが）に入学した大学1年生の新入生の人たち、土木のことを何も知らない方々にも土木というものをイメージできる本が以前から欲しいと思っていました。それでも網羅的に書こうとすると、百科事典か広辞苑のような非常に厚いものになってしまい、到底初心者や土木を知らない人には受け入れられない代物になってしまいます。他方、内容を絞りすぎると土木の扱う範囲が限定的なものと思われてしまいます。悩んだ末に、土木事業の流れに沿ったもの（企画・計画・設計・施工・維持管理）と、土木工学が取り扱う学問領域のことを書いてみることにしました。当然、個々の部分は非常に簡単な説明だけになってしまいますが、土木をイメージするのにはよいのではないかと思った次第です。出版社の方とも相談させていただき、当初『トコトンやさしい土木工学の本』というタイトルだったものを『トコトンやさしい土木技術の本』に変更しました。
　土木全般のことについては、ほとんどの場合、計画系の高名な先生方が大所高所から土木とは何かということを述べられることが多いのですが、私のような建設会社に長年いて、大学でもコンクリート材料や施工法、維持管理のことを教えている身には大所高所から土木のことを語れませんので、私なりの立ち位置である下から見上げた土木について書いたつもりです。そういう意味では、今までなかった土木の本になっているのではないかと思っています。また、自分が土木のことを学び始めた頃のことを思い出しながら、その頃疑問に思ったりしたことを第1章と第2章にまとめてみました。今回、本書を執筆するために、大学にある学部・学科についてあらためて調べてみて、土木が関わる学問領域がどんどん広がっているのと、土木という学問分野が総合工学の範疇をはるかに超えて、文理融合した総合学問であることを認識しました。特に社会基盤（インフラ）のライフサイクル（建設から建て替えまで）を考える場合、工学の知識よりも法学、経済学、社会学、哲学などの分野が重要になってくるのを痛切に感じた次第です。
　今回、本の執筆を依頼された際にコラムは土木に多大な影響を与えた人物について書こうと決めていました。ここでも、これまで土木の偉人というと役人の方たちを取り上げるものが多かったのですが、私なりの視点で人物を選んでみました。行基については、土木の使命とは何かを行動と共に示した人物であり、私が最も敬愛する総合技術者（もちろん僧侶なのですが、私から言わせれば土木技術者であり、医者であり、薬剤師であり、哲学者であり、農学者でもあります）の1人で、空海や最澄のようなスーパー僧侶と並び称される人物と思っています。ジョン・スミートンや古市公威のような土木工学の父と呼ばれる人物も是非みなさんに知ってもらいたいと思いました。現在の構造物のほとんどが鉄とコンクリートでできています。それを広く知らしめたケーネンとヴァイス、エッフェルの業績についても紹介したいと思いました。これまでの計画系が中心の土木技術者とは異なった実務者たちの功績をぜひ知ってもらいたいと思った次第です。また、日本に留まらず世界的に有名な土木技術者も数多くいることを知ってもらいたいと思い、青山士氏についてもコラムを書きました。さらに、現在の土木工学の礎を築いた吉田徳次郎博士と田中豊博士も今回是非紹介したいと思いました。もっと多くの土木の偉人がいますが、今回私が勝手に考えた執筆のテーマである下から見上げた土木の中で紹介したいと思った人たちです。

本の内容自体は、不十分なところが多々あると思っていますが、できるだけ多くの人に土木のこと、土木の魅力を知ってもらいたいと思って執筆しました。土木は本書の中でも書きましたが、時代とともに形を変えながら人々の日々の生活を安心・安全に、そしてより豊かな暮らしができるように陰ながら支えているということをみなさんに知ってもらえたら本書を執筆した意義が少しはあると思っています。本書を読んで土木のことを少しでも知ってもらえたら幸いです。

2021年2月

溝渕　利明

目次 CONTENTS

第1章 土木とは？

1 工学と理学の違いは？「土木工学は工学（実学）の第一人者」……10
2 土木って何ですか？「土木の名前の由来」……12
3 地味にスゴイ！ 土木の仕事「土木は縁の下の力持ち」……14
4 土木の守備範囲はとてつもなく広い「人々の生活の隣にいつもいる土木」……16
5 土木の歴史はとても古い「人類の文明とともに歩んできた土木」……18
6 土木と建築の違いは？「土木と建築が分かれているのは日本と韓国だけ？」……20
7 土木は国家繁栄の礎「土木技術の発展が、災害から人々を守り、国を豊かにしていく」……22
8 土木と軍事工学「土木は軍事工学から生まれた？」……24
9 土木が学問として扱われるようになったのは？「土木工学の誕生」……26
10 土木工学を支える三力とは？「土木工学の基礎となる構造力学、土質力学、水理学」……28

第2章 土木の棲み分け

11 土木をどう切り分けるか？「土木の基本となる分野は5分野!?」……32
12 土木が総合工学といわれる理由「土木工学はあらゆる工学と繋がっている！」……34
13 土木と関連する分野は？「土木はほとんどの分野と関わっている!?」……36
14 土木工学を学ぶために必要な科目は？「数学と物理が基本だが、それだけでは土木を学べない」……38

15 土木の中の○○工学「土木の中には多くの工学分野が存在している」……40
16 土木構造物と呼ばれるものは何か?「土木で扱うのは面的に広がった構造物!?」……42
17 地上の建築と地下の土木「土木が地下で建築が地上の区分は間違っている!?」……44
18 土木構造物にはどんな種類のものがある?「土木構造物にはさまざまな分類方法がある!?」……46
19 土木に使われる材料「土木構造物にはいろいろな材料が使われている!」……48

第3章 土木計画

20 土木計画とは?「何もない荒野に街を造るためには、最初に何をしますか?」……52
21 土木計画とはどんなことをするのか?「土木事業や社会基盤整備の企画・計画」……54
22 土木の計画は誰がするのか?「土木計画は誰のためにするのか?」……56
23 事業計画を立案するために必要なことは?「事業計画の基本は、規模、費用、時間?」……58
24 土木計画の基本は地道なデータ集めから「携帯の位置情報も活用」……60
25 土木構造物を造るための手順「計画段階にはさまざまな手順を踏む必要がある」……62
26 土木計画を学ぶために必要な科目は?「土木計画を学ぶには全ての学問分野を網羅的に学ぶ必要がある」……64
27 土木計画は過去・現在・未来を見据えて行う?「過去の状況から現在の状況を判断し、将来の状況を予測」……66
28 国家百年の計は土木にあり!?「国土計画、都市計画は国の未来を左右する」……68

第4章 土木設計

29 設計とデザイン「設計とはデザインすることである」……72
30 土木の設計は自然が相手！「災害リスクの最小限化が設計のカギ」……74
31 設計は何をするのか？「計画をいかに具現化するかが設計のカギ」……76
32 土木のさまざまな設計「土木の設計と一口でいってもいろいろある」……78
33 概略設計と詳細設計「構造物のコンセプトとディテールを決める」……80
34 土木設計を学ぶために必要な科目は？「設計の基本は力学とCAD」……82
35 設計を行うのは誰か？「設計コンサルタントは調査・設計のプロ集団」……84
36 土木設計の成果品「設計図書は発注者・コンサル・施工者を繋ぐ重要な共有品」……86
37 設計者が施工者を管理？「設計コンサルタントが現場での施工管理を行う」……88

第5章 土木工事

38 土木の仕事はお天道様次第「土方殺すにゃ刃物はいらぬ、雨の三日も降ればよい」……92
39 土木工事の受発注「工事の入札方式も大きく様変わり」……94
40 工事場所の調査「工事を受注してもすぐに工事は始められない」……96
41 施工計画を立てる「工事内容をしっかり吟味する」……98
42 現場事務所を建てる「現場事務所の場所を探すのは大変」……100
43 工事の工程「工事に対する工程管理は立場で違う」……102
44 土木工事で働く人たち「土木工事にはいろいろな職種の人が働いている」……104
45 土木工事での施工の流れ「施工は横に広がるか、下に進むかである」……106

第6章 土木とメンテナンス

46 土木工事で使われる機器「土木工事で使用される機械は重機から長靴洗い機までさまざま」……108

47 土木構造物の寿命「土木構造物の寿命は明確ではない」……112
48 高齢化社会に向かう土木構造物「供用後50年以上の膨大なインフラストックが急増」……114
49 メンテナンスを見据えた計画・設計・施工「維持管理を考慮した計画が必要」……116
50 メンテナンスとライフサイクルコスト「土木構造物はその構造物にかかるトータルコストで考える」……118
51 土木と医療は似ている?「土木と医療現場で使用する機器はよく似ている?」……120
52 土木構造物の調査・診断「調査・診断はメンテナンスの基本」……122
53 土木構造物の補修・補強「補修・補強は構造物の機能回復のための治療」……124
54 土木構造物のターミナルケア「物言わぬ構造物だからこそ、その仕舞いをどうつけるかが重要」……126
55 土木構造物のメンテナンスを支える人たち「土木構造物は多くの人たちの手で守られている」……128

第7章 土木の未来

56 時代のニーズに合わせて進化する土木「人類の発展の陰には、土木の支えがあった」……132
57 宇宙に羽ばたく土木「近い将来宇宙事業が土木の中心になる?」……134
58 土木事業は常に時代の最先端を行く!「土木工事は先端技術をいち早く導入、活用している」……136
59 土木の基本はいつの時代も変わらない「人々の生活を支えるという土木の使命」……138

60 土木が進むべき道「土木事業に求められるもの」……140
61 土木と国際協力「土木技術の輸出大国を目指して」……142
62 これからの土木工学「土木工学は総合工学としての見直しを行うべきである!」……144
63 土木の未来「100年後の土木はロボットが主役?」……146
64 土木の仕事は終わらない「人々の日々の安心・安全を守る土木の仕事は未来永劫続きます」……148

【コラム】土木に多大な影響を与えた人たち
●行基……30
●ジョン・スミートン……50
●古市公威……70
●アレクサンドル・ギュスターヴ・エッフェル……90
●ケーネンとヴァイス……110
●青山士……130
●吉田徳次郎と田中豊……150

参考文献……151
必見! 土木構造物一覧……153
土木技術に関する用語の解説……157
索引……159

第1章 土木とは？

1 工学と理学の違いは?

土木工学は工学(実学)の第一人者

　私の高校では、当時(40年以上前ですが)2年生に上がる時に理系か文系かを選択しなければなりませんでした。多くの学生の選択は、数学や物理が苦手なので文系に、国語が苦手なので理系にするというように将来何になりたいかなど考えずに選択していました。3年生に上がる時には、大学の学部選考で医学部、理学部、工学部などの学部を選ぶかについても、理学部は就職先がないから工学部を選ぶとか、成績がいいから医学部に行くというように、学部を選んでいました。

　では、理学と工学は何が違うのでしょうか。これについては著名な大学教授から予備校の大学進学アドバイスまで非常に多くの場で述べられていますが、みなさんがほぼ同じようにいわれているのは、理学は真理の探究を行うものであり、工学は人の生活に直結した実学であるというものです。また、理学は基礎研究、工学は応用研究であるといわれることもあります。ただし、大別すればそのような区分になると思いますが、その境界線は非常に曖昧(あいまい)といえます。

　大学の理学部では主として数学、物理、化学、生物、地学などの学科があります。一方、工学部は機械工学、電気・電子工学、情報・通信工学、建築学、土木工学など非常に幅広い分野の学科があり、その数は600以上あるともいわれています。

　医学部、薬学部も理系分野ですが、理学、工学とは一線を画す分野といえます。最近では、各種検査機器の開発など医療工学という分野があり、使用機器は土木分野のものと非常に近いものがあります。まさに、医学と工学の融合した分野といえます。また、宇宙工学のように天文学、物理学、数学などの理学系の学問と、機械、電気、航空などの工学系の分野が融合した学問領域もあります。大学でも理工学部というように、理学、工学が一緒になった学部もあります。

要点BOX

- ●理学は真理の探究、工学は人の生活に直結した学問
- ●理学は基礎研究、工学は応用研究だけではない

大学での主な学部と学科

系	学部名	主な学科名（例示）
文系	文学部	国文学科、哲学科、史学科、地理学科、英文学科、心理学科
	経済学部	経済学部、国際経済学科、現代ビジネス学科、地球経済学科
	法学部	法学科、国際関係法学科、政治学科、国際政治学科、政治経済学科
	商学部	商学科、経営学科、会計学科、貿易学科、金融学科
	教育学部	教育文化、発達科学、教育政策、教育実践
	社会学部	社会学科、現代文化学科、メディア社会学科、社会心理学科、社会福祉学科
	心理学部	心理学科、臨床心理学科、発達心理学科、応用心理学科、福祉心理学科
	経営学部	経営学科、マーケティング学科、会計学科、公共経営学科、市場戦略学科
	外国語学部	英語学科、ドイツ語学科、フランス語学科、スペイン語学科、ロシア語学科、ポルトガル語学科、中国語学科
	国際学部	国際学科、国際文化学科、国際教養学科、比較文化学科、グローバル･コミュニケーション学科
	人間科学部	人間科学部学科、心理学科、社会福祉学科
理系	工学部	建築学科、土木工学科、環境工学科、機械工学科、航空学科、宇宙工学科、機械システム学科、ロボティクス学科、電子情報工学科、人間システム工学科、金属学科、応用科学工学科、生物工学科、応用物理学科、情報工学科、経営システム工学科、電気電子工学科等
	理学部	数学科、応用数学科、情報科学科、地学科、地質科学科、応用地学科、地球科学科、海洋学科、生物学科、生物化学科、応用生物学科、生命理学科、バイオサイエンス学科、化学科、高分子学科、物質科学科、物理学科、宇宙物理学科、天文学科、物生物学科、応用物理学科等
	情報科学部	情報システム学科、情報社会学科、メデイア情報学科
	農学部	農学科、生命科学科、応用生物科学科、森林科学科、畜産科学科
	生物学部	生物学科、海洋生物科学科
医学系	医学部	医学科、保険学科、看護学科
	歯学部	歯学科、口腔保健学科
	薬学部	薬学科、薬科学科
	看護学部	看護学科
	獣医学部	獣医学科、動物応用科学科、生物環境科学科

11

2 土木って何ですか?

土木の名前の由来

土木という言葉、土と木といういかにも泥臭いダサい名前だと思う人が多いのではないでしょうか。しかしながら、この土木という名前はそれを命名した当時の人たちの熱い想いがあったのです。誰がこの名前を採用したかは正確にはわからないのですが、初代土木学会会長の古市公威氏が深く関係しているのではないかといわれています。実際のところはよくわかりませんが……。

では、この土木という名前の由来は、どこから来たのでしょうか。諸説ありますが、現在最も有力なのは中国の古い書物「淮南子（えなんじ）」（淮南王劉安（わいなんおうのりゅうあん）が、紀元前150年頃に記した書物）の第13巻に「築土構木」という話から採ったというものです。そこには、昔、人々は穴ぐらのようなところで暑さ・寒さに耐え忍びながら住んでいました。それを見かねた聖人（徳のある偉い方だそうです）が、人々のために土を築き（版築のように土を突き固めて家の土台を作ったのではないかと思います）、木を用いて棟（建物）を築いて（竪穴式住居のようなものだったかもしれません）、寒暑に耐え、雨風にも耐えられるような住いを造ったという話です。原文では、土を築き、木を用いて家を建てるという言葉に「築土構木」と書かれていて、この言葉から土木（築構という動詞部分を使わず）という名前にしたという説です。

土木学会のホームページに初代会長の古市氏の就任演説の概説が記載されています。その中で古市氏は「本会が工学会と異なるところは、工学会の研究は各学科間において軽重がないが、本会の研究は全て土木に帰着しなければならない、即ち換言すれば本会の研究は土木を中心として八方に発展する事が必要である」と述べています。これこそが土木は全ての人々の生活を豊かにするための総合工学であることを示すものであり、土木が日々の生活に深く関わっているものであるといえます。

要点BOX

- ●土木は「築土構木」が由来!?
- ●土木という言葉は平安時代からあった
- ●土木工学は総合工学である!

「土木」の名の由来

古者民澤處復穴、冬日則不レ勝二霜雪霧露一、
夏日則不レ勝二暑熱蟁䖟一。聖人乃作、為レ之
築土構レ木、以為二室屋一、上レ棟下レ宇、以蔽二
風雨一、以避二寒暑一、而百姓安レ之。

出典：楠山春樹「淮南子（中）」明治書院、1982年

古代、土と木で生活の基盤を築いていた。

3 地味にスゴイ！土木の仕事

私たちの普段の生活の中で、蛇口を捻れば水が出て、スイッチを入れれば電気がつき、ボタンを押せばトイレで用をたしたものが流されていくのは当たり前になっています。しかしながら、一旦地震や洪水などで水も電気もガスも通信も止まってしまうと、それらの生活に欠かせない設備（ライフライン）の有り難さを身に染みて感じた人も多いはずです。これらのライフラインの整備は、土木の仕事のひとつです。

このほか、普段当然のように使っている道路や橋、トンネル、鉄道などのインフラの建設や整備なども土木の仕事です。まさに、土木の仕事はみなさんの普段の生活を支えているといっても過言ではありません。みなさんが何の違和感もなく当たり前のように生活できるようにしているのが土木の仕事ですので、ほとんどの人は土木の仕事に気づかないでいるといえます。ですから、土木の仕事は華々しいところはほとんどなく、むしろ日々人々の生活を陰ながら支える地味な仕事といえるのではないでしょうか。

みなさんの生活の多くに土木の仕事が関わっているので、仕事自体非常に守備範囲が広く、逆に多くの人たちには土木の仕事というものが見えにくくなっているのかもしれません。土木の仕事は、お医者さんのように直接人の命に関わっているわけではないのですが、堤防やダム、防潮堤のようにいざという時に人々の命を守っていますし、橋がなければ危険を冒して川を渡らなければなりませんし、トンネルがなければ遠回りをしたり、危険な山道を通らなければならないのです。

土木の仕事は、空気のような存在だと思ってもらえればわかりやすいのではないでしょうか。普段は、その存在自体気がつかないのに、水に溺れたり、穴の中に閉じ込められたりした時、空気の必要性に気づきます。あって当たり前のものは、実は大事なものが多いのです。実は土木の仕事もそういうもののひとつです。土木の仕事は地味にスゴイのです。

土木は縁の下の力持ち

- ●人々の生活を陰で支える土木の仕事
- ●災害に遭遇して初めて知る土木の仕事の凄さ
- ●土木の仕事はできて当たり前!?

人々の生活を陰で支える

水道や電気、インターネットまで、当たり前のようにある環境は土木が支えている

4 土木の守備範囲はとてつもなく広い

人々の生活の隣にいつもいる土木

土木って何をしているのかわからないということをよく聞きます。確かに土木の分野は非常に幅広いので、車を製造していますとか、こんな商品を売っていますというように一言でその仕事というか業種を示すことは土木の場合非常に難しいといえます。

例えば、土木が大きく関わっているインフラについて考えてみましょう。インフラストラクチャーの整備は土木の分野だということはみなさんもよくおわかりだと思います。では、国が定める社会インフラとはどのようなものかというと、内閣府の場合「道路、港湾、空港、上下水道や電気・ガス、医療、消防・警察、行政サービスなど多岐に渡る」としています。また、インフラストラクチャーの代表的な公共施設はというと、地域の核となる道路、河川、公園緑地、広場など、住民生活に欠かせないサービス施設であり、教育施設、医療施設、コミュニティ施設、官公庁施設なども含まれるとしています。さらに、商業施設、銀行、郵便局や、通信施設、電気、ガス、水道などのライフラインも含まれるとしており、公共公益施設の利用促進のための自治体などが運営する循環バスといったものも公共施設の一部と捉えることができるとしています。当然、公共施設の整備は土木の分野ですので、ここで挙げたもの全てが土木の範疇といえます。このほかにも、携帯から人の行動パターンを調査・分析したり、橋や建物が建設された場合、どのような風景となるのかといったことを検討したり、それこそ街の移り変わりについて検討したりする土木の分野もあります。

こうしてみていくと、私たちの生活そのものが土木に大きく関わっていることになります。少し大げさな言い方かもしれませんが、いつもみなさんの隣で日々の生活を見守っているのが土木の範疇（仕事）であり、土木が関わっていないものはないといえるのではないでしょうか。

要点BOX

- ●土木に関わらないものはない!?
- ●土木は人類の文明の最初からある
- ●土木は時代とともにその範囲を広げている!

あれもこれも土木!?

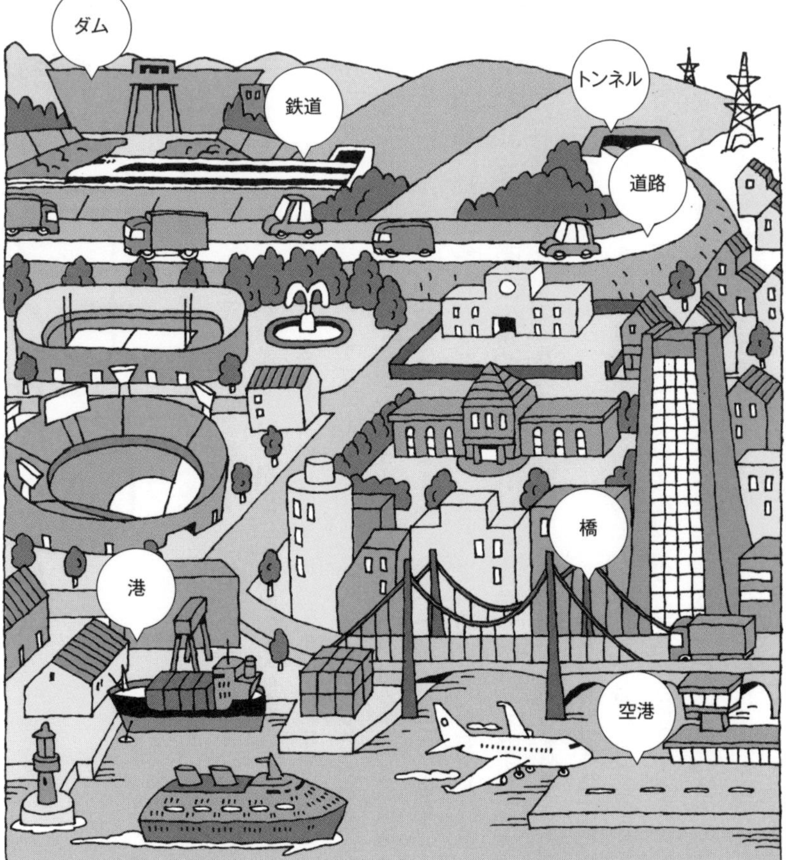

ダム
鉄道
トンネル
道路
橋
港
空港

5 土木の歴史はとても古い

人類の文明とともに歩んできた土木

人類が誕生し、その後集団で狩猟生活を始め、移動しながらも雨風を防ぐ家を造り、やがて農耕する民族が定住する場所である村を形成していく過程において、土木は常にその傍(かたわ)らにありました。狩りに行くためのけもの道を少しずつ通りやすくし、小川を渡るために木を倒して水に浸かることなく渡ることができるようにしたことは、規模は違ってもまさに土木における道路や橋の建設と同じといえます。農耕が始まれば、川から水を引くための水路を作り、外敵から自分たちや家畜などを守るための柵を設けることも土木の仕事といえます。

国が形成されていくと、多くの建物が作られるようになり、街と街を結ぶための道路や橋、トンネルなどが造られるようになります。こうして人々の生活が豊かになっていく過程においても土木がいろいろ関わっていることがわかると思います。やがて、国の王たちは、自らの権力の象徴として、巨大な墓の建設も行っていきます。古代エジプトのピラミッド、秦の始皇帝の時代から建設が始まった万里の長城、仁徳天皇陵（大仙陵古墳）を始めとする巨大古墳群などがその代表といえます。また、古代四大文明やアジア、中南米を中心とした綿密な計画の元に建設された古代都市遺跡などはその当時から高度な土木技術があったことの証明といえます。特に、これらの古代都市で巨石を扱ったものが数多く見られますが、巨石の運搬やそれらを積み上げていく技術はまさに土木技術の素晴らしさを物語っています。

今から9000年以上前にイスラエルのイフタフにおいてセメント系材料で造られた住居の基礎が遺跡で残っており、6000年以上前に石造りアーチ橋が造られ、約5000年前に石積みのダムが建設され、4000年以上前には川底を通るトンネルが掘られています。このように土木技術は、人類の文明の発展とともに進化していったといえます。

要点BOX
- ●人々が集団で暮らすために土木が生まれた?
- ●人々の生活を豊かに発展するための土木
- ●人類の文明の陰に土木あり

古代の遺跡も

9000年以上前にイスラエルのイフタフの遺跡でセメント系材料が使われていた

6 土木と建築の違いは?

土木と建築が分かれているのは日本と韓国だけ?

土木と建築の違いですが、「土木は地面から下を作り、建築は地面から上を作る」とよくいわれます。あながち間違いではないのですが、橋やダムのような施設は土木の分野です。建築でも建物の基礎は建築の分野です。どうしてこのように定義が曖昧なのかといえば、実は元々ダムや橋、建物などの設計・施工が海外においては土木（Civil Engineering）の分野になっていて、日本のように土木・建築で分かれていないのです。確かに海外においても「Architecture」という建築の分野がありますが、それに相当するのは、日本においては東京藝術大学の美術学部・美術研究科建築専攻などで研究する意匠中心の分野になるのです。つまり、日本の大学の工学部に所属する建築学科は、海外から見れば土木と建築が同居しているような学科といえます。

日本でなぜこのような土木と建築の住み分けとなったのかというと、日本では古くから普請（石垣や濠（ほり）などの建設、城郭の設計などいわゆる都市計画を指すもので土木事業に相当）と作事（いわゆる大工仕事に相当）があり、特に江戸時代以降、石垣作りや河川改修、架橋などを「普請＝土木」、建物を建てる「作事＝建築」というイメージができあがっていったのかもしれません。

明治になって、工部大学校（東京大学工学部の前身の1つ）に、土木科と造家学科が開設されます。それぞれ現在の土木工学と建築学の基になった学科です。その後、1886（明治19）年には工部大学校と東京大学工芸学部が合併し、帝国大学工科大学となります。歴史的に見ていけば、普請、作事のようになんとなく土木、建築の領分をそれぞれ分けて考えられてきたものが、そのまま今に至ったのかもしれません。しかし、一般の人たちにとっては土木・建築には大きな違いはないというのが本当のところなのかもしれません。

要点BOX
- 日本では、昔から作事と普請に分かれていた
- 欧米では、建物の建設も土木の範疇!
- 建築は地上、土木は地下?

土木と建築の違い?

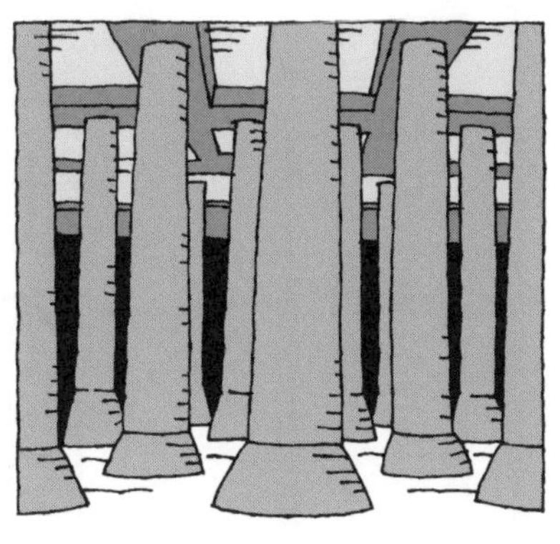

土木構造物(地下)

建築構造物(高層ビル)

普請と作事

城は
普請で建てられ、
神社は作事で
造られていた

7 土木は国家繁栄の礎

土木技術の発展が、災害から人々を守り、国を豊かにしていく

近年の異常気象による水害被害は甚大で、2019年の台風19号による農業被害だけで3000億円といわれています。災害復旧なども含めるととんでもない被害となります。一方、日本列島の半分近くに大きな被害をもたらした台風19号ですが、死者の数は100名ほどで60年前の伊勢湾台風での死者の数が5000人を超えていることを考えると、台風の規模としては伊勢湾台風以上だったと思いますが、人的被害は伊勢湾台風の1/50程度であり、堤防やダムなどの治水事業の推進や土木技術の進歩のおかげといえるのではないでしょうか。

昔から「水を治めるものは国を治める」といわれてきました。特に江戸時代まで米を中心とした経済体制を社会の基盤としてきた日本にとっては、水害から人々や田畑を守ることは、国を治める根幹になっていたといえます。

水を治めることは、水害だけでなく人々の飲み水の確保、田畑への水の供給も非常に重要であったといえます。古代ローマ時代の水道施設などはそのよい例といえます。

現在の東京は、江戸が開府するまでは多くが低湿地帯でほとんどが荒れ地だったのですが、徳川家康以降の徳川幕府が大規模な都市開発を行い、現在に至っています。その最たる例は、それまで東京湾に流れていた利根川の流路を代えて鹿島灘に流す大工事です。これにより、江戸の街の水害が大幅に減少しています。また、玉川上水、神田上水などの上水道の整備により、江戸は世界一の大都市になったといえます。まさに荒れ地を大都市に変えた例といえます。

荒れ地に街を造った例としては、ラスベガスがあります。砂漠のど真ん中に一大歓楽都市を造ったその陰には、フーバーダム建設の存在を忘れてはなりません。

こうしてみると、土木技術の発展が国を繁栄させていくというのがわかってもらえると思います。

要点BOX

- ●人々の生活を守り、豊かにする土木技術
- ●災害に強い国造り
- ●土木技術の発展が国を繁栄させた!

自然災害による死者・行方不明者

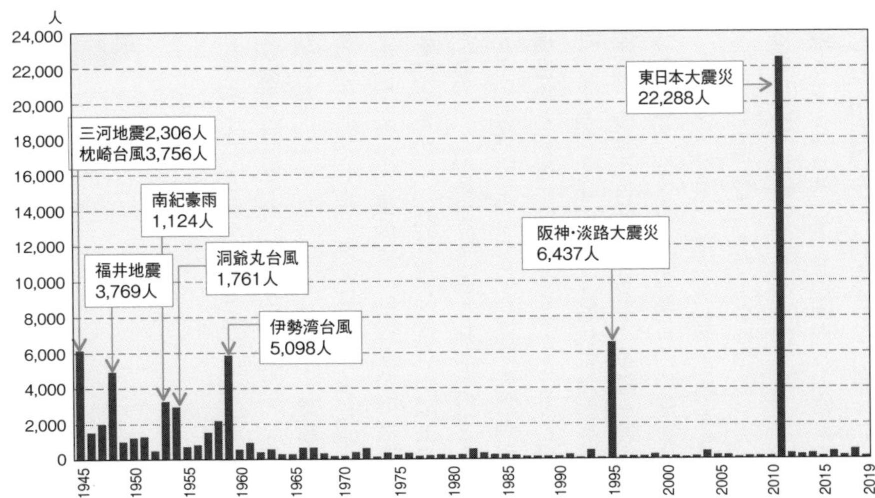

(注)1945年は主な災害による死者・行方不明者(理科年表による)。46～52年は日本気象災害年報、53～62年は警察庁資料、63年以降は消防庁資料に基づき内閣府作成。1995年の死者のうち、阪神・淡路大震災の死者については、いわゆる関連死919名を含む(兵庫県資料)。東日本大震災は震災関連死を含む(2020.3.1現在)。2019年は内閣府とりまとめによる速報

出典：内閣府「令和2年版防災白書」ほか

近年でも河川のはん濫が起きている

8 土木と軍事工学

土木は軍事工学から生まれた?

土木工学（Civil Engineering）と軍事工学（Military Engineering）は、現代の日本社会において明確に区別されていますが、古くは土木・軍事の区別は特にありませんでした。例えば、みなさんがよく知っている中国の万里の長城は、匈奴などの北方民族の侵入を防ぐために、総延長6000㎞以上の壁を構築したもので、軍事目的で造られたものですが、自分の住んでいる場所を守るという堤防や防潮堤などの土木構造物と明確に区分できるかというと難しいところがあると思います。ローマ時代に建設されたアッピア街道は、建設の目的がいち早く軍隊を現場に急行させるためのものであり、軍事目的で建設されています。しかしながら、このアッピア街道を含め、ローマを中心とした道路ネットワークは物流や人々の交流という正に土木構造物でもあるのです。そのほかにも軍港として造られた港も他国からの物資の受入れ場所として市民のために利用されています。

築城技術（普請）は、その後城下町の建設へと発展していき、都市計画の元にもなっています。こうしてみていくと、昔は特に区別することなく土木技術が軍事目的に使われていたのです。では、土木工学と軍事工学が明確に分かれたのはいつからかというと、18世紀にイギリスのジョン・スミートン（初代イギリス土木学会会長）が、それまで区別されていなかったEngineeringに軍事目的でなく市民のためのEngineeringという意味でCivilを付けたのが最初だといわれています。

土木技術に限らず、私たちがその技術をどのように使っていくかが重要なのではないでしょうか。ノーベルが発明したダイナマイトは、大きな岩を砕き、トンネルなどの掘削には欠かせない材料ですが、その破壊力を利用して多くの武器が作られてきました。原子力も原子爆弾にも原子力発電にもなることをみれば、使う人しだいで土木にも軍事にもなるのです。

要点BOX

- ●古代国家における国家繁栄のための軍事工学
- ●市民のための土木工学、国防のための軍事工学
- ●土木工学と軍事工学の区別は18世紀以降

軍事と土木の関係

万里の長城

BC214年、秦の始皇帝によって、北方からの侵略に対抗して建設が始まったとされる。その後、多くの王朝によって、改築・増築され、1600年代の明の時代まで建設され続けた。全長は8800kmを超え（2万kmを超えるという説もある）、現存する壁として6000kmを超えるといわれている。

アッピア街道

BC312年にローマから建設が始まり、最終的にはイタリア半島南部のタレントゥムまでの500km超の道路である。街道の幅8mの石の舗装道路で、馬が引く戦車を走らせるための軍用道路として整備されていく。アッピア街道は最初のローマ街道であるだけでなく、ローマ街道はどうあるべきかのモデルでもあった。それゆえ「街道の女王」とも呼ばれている。

信玄棒道

1500年代に建設され、甲府から川中島までの約114kmあるとされている。八ヶ岳南麓からまっすぐ棒のように通じていることからその名で呼ばれる棒道（ぼうどう）は、武田信玄が信濃攻略の大軍を動員できるよう開発したという。まっすぐに造られたのは、軍馬が走りやすいようにするためといわれている

9 土木が学問として扱われるようになったのは?

土木工学の誕生

土木の歴史自体は、5項で述べたように非常に古いのですが、学問として体系づけられたのは、18世紀半ばのフランスにおいて、ルイ15世が設立した土木学校Ecole des Ponts et Chaussees（エコール・デ・ポン・ゼ・ショッセ、直訳すれば橋と道路の学校）が最初といわれています。その後、1795年には工科大学Ecole Polytechnique（エコール・ポリテクニク）がフランスで開校されています。これらの学校では、軍事教育の一環として構造力学、材料力学、水理学（河川の流量や流速計算など）の基礎力学などが教えられたようです。さらに、応用数学や応用力学なども学んでいたそうです。

イギリスでは、産業革命を契機として1750年頃からCivil Engineeringという言葉が用いられるようになり、それまで軍事工学としての土木工学から市民生活の基盤技術のひとつとして確立していきました。また、1828年には工学の世界では初となるイギリス土木学会が創設されました。その20年後にはイギリス機械工学会が設立され、工学界で最も古く、工学を牽引していく2つの学会がここに誕生したのです。土木技術は、機械技術（例えば滑車やろくろなどは建設技術から生まれたものといわれています）をも包含するものであり、工学の世界では土木技術が「技術の中の技術」といわれる所以（ゆえん）といえます。

日本においては、当初イギリスやフランスの影響を大きく受けて、明治時代の東京帝国大学理学部工学科に最初にできたのは土木工学科と機械工学科でした。また、日本独自の土木技術の発展を目指して、1914（大正3）年に土木学会が設立されています。

土木工学は、工学の世界では最も古い学問領域であり、土木工学が総合工学といわれる所以でもあるといえます。ただし、土木工学は古いだけでなく現在でも発展を続けています。

- ●土木の歴史は古いが、学問としての歴史は浅い
- ●土木技術は「技術の中の技術」
- ●土木工学の発祥はフランスが最初

学問として土木が発展

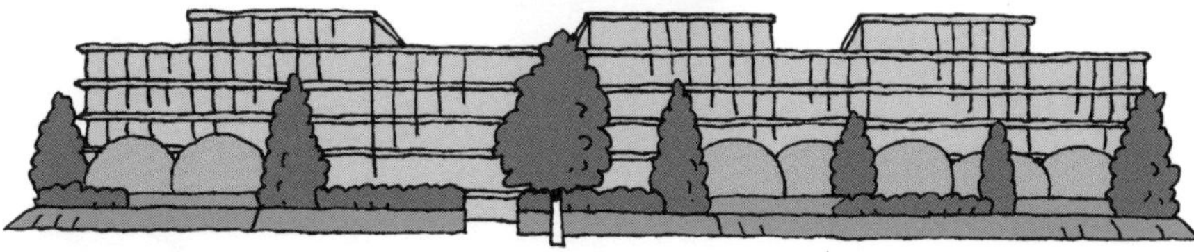

国立土木学校

1747年、フランス国王ルイ15世の勅令によって、国家建設に不可欠な土木･建築領域における技術官僚養成を目的に創立された。当時の名称は王立土木学校（École Royale des Ponts et Chaussées）である。現在の日本でいう大学院大学にあたる。その設立の背景には、公共事業を統括的に管理する組織として、1716年に設立された土木技師団（Corps des Ponts et Chaussées）があった。

セバスティアン・ル・プレストル・ド・ヴォーバンの要塞

ヴォーバンは17世紀に活躍したフランスの軍人（技術将校）で、建設技術者、建築家、都市計画家。軍隊技術者の中でもっとも有名な人物の1人とされる。フランス国王ルイ14世お抱えの軍事建築家として、150以上の要塞を考案して実際に作り上げた。それらの多くは、ヴォーバン式要塞と呼ばれ、星形要塞もその代表的な要塞である。

10 土木工学を支える三力とは?

土木工学の基礎となる構造力学、土質力学、水理学

土木は、ものを造るための学問といえますので、その構造物（橋やダムなどの建物）にどのような力が作用するのか、その力に耐えるためにはどのような形をしていないと駄目なのかということを考えなければなりません。構造物に作用する力（基本的には目に見えません）やその力によってどのように変形（曲がったり、伸びたりする目に見えないようなわずかな変化）するのかを、目に見える形（数式）にしなければなりません。

そのためには、力学を学ばなければなりません。力学を使いこなすためには、物理学や数学を学ばなければなりません。これらが使いこなせるようになって土木工学の基礎と呼ばれている三力（構造力学、土質力学、水理学（機械工学では水理力学といわれています））を理解することができるようになります。

例えば、川に橋を架ける時、そこに電車が10両載ったときの重さ（走っている時と止まっている時で作用する力は違います）で橋が落ちないようにするためには、どれくらいの大きさでどれくらい硬いものであればよいかを求めるのが構造力学だと思ってください。その橋を支えるためには、地盤にどのような力が作用するのかを求めるが土質力学だと思ってください。その地盤を削り取り、洪水で橋が流れないようにするために、その川の流量や流れの速さを求めるのが水理学だと思ってください。これらに共通しているキーワードは力（力学）なのです。

このように1つの構造物を造ろうと思った時、そこにどんな力が作用するのか知らなければなりません。この力（物理現象）を机の上で計算して求める（数学的記述）ために必要なのが構造力学、土質力学、水理学の3つの力学なのです。もちろん、このほかにもその構造物を造るのに関わるさまざまな分野はありますが、土木工学の基盤となっているのは三力といえます。土木工学を学ぶためには、物理と数学は必須です。

要点BOX
- ●土木技術の基本は力学！
- ●土木工学を学ぶためには、まずは数学と物理は必須
- ●土木の基本は力のバランス!?

土木工学の三力

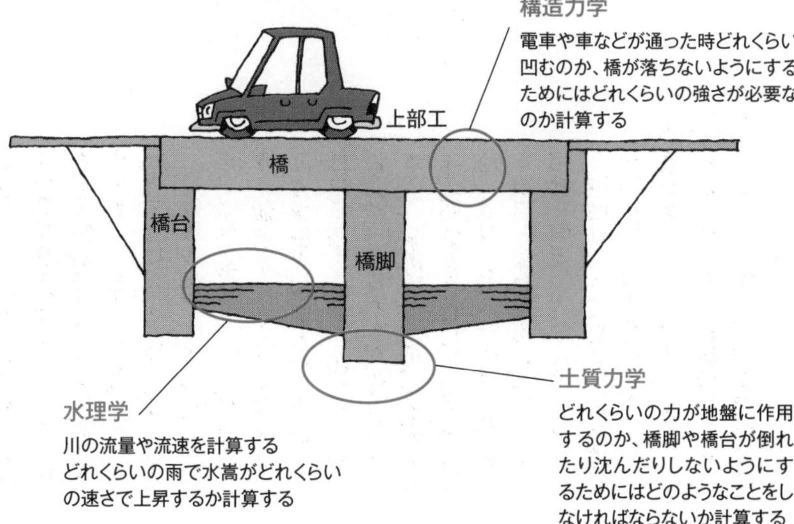

水理学

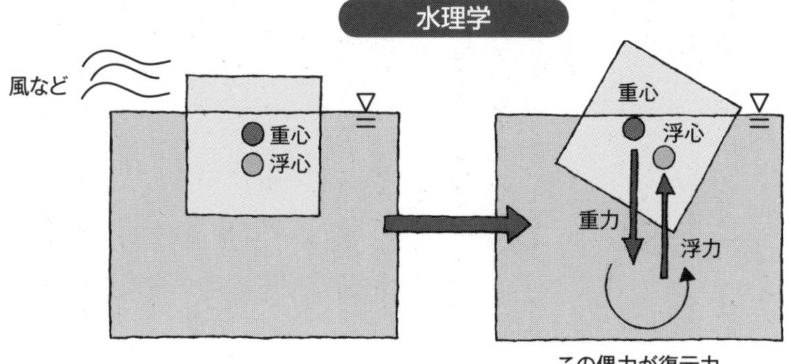

この偶力が復元力

土質力学

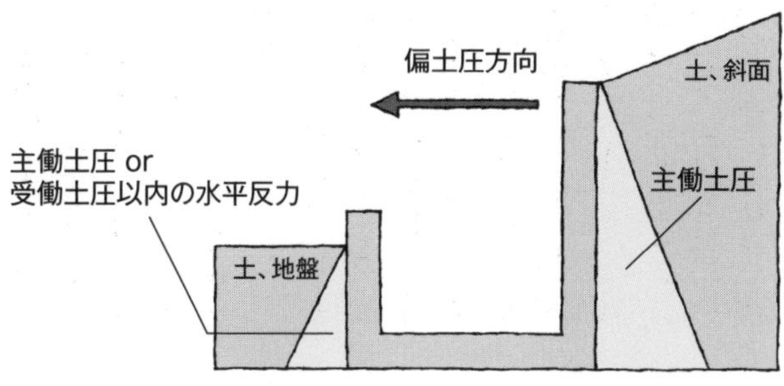

Column

土木に多大な影響を与えた人たち
行基

奈良時代に行基という僧侶がいました。行基は、天智天皇の御代の668年に河内国大鳥郡（現在の大阪府堺市）というところで生まれています。15歳で出家し、24歳で受戒（仏教に帰依する証として戒律を受持すること）しています（この当時は、正式に授戒できる僧侶がいなかったのですが、高宮寺徳光禅師という高僧から授戒されています。授戒は、後に鑑真和上が日本で初めて行っています）。その後、法相宗を師である道昭（663年に遣唐使として唐に渡り、西遊記のモデルになった僧侶・玄奘三蔵に師事して法相教を学ぶ）から学んでいます。

道昭は、人々のために井戸掘りをしたり、川に渡しを造ったり、橋を架けたりしたそうです。行基は、師である道昭の影響を強く受けて、後に平城京遷都で疲弊した民衆を救うために、寺院や布施屋（救済所のようなもの）を建てるとともに、仏の教えを民衆に説いて回りました。当時、仏教は支配階級（天皇や豪族）のものであり、布教などは朝廷が定めた宗派以外は民衆へ直接行うことが禁じられていました（重税などから逃れるために偽の僧侶（正式に受戒していない）などが後を絶たなかったことから、業を煮やした朝廷はそのような詔を出したともいわれています）。行基は、意に介さず都を中心に貧富を問わず布教活動を行ったそうです。そのため、多くの弾圧などを受けたそうですが、行基は知識結と呼ばれる僧侶も民衆も関係ない宗教集団を形成し、都周辺だけでなく、広く近畿地方で貧民救済を行ったそうです。

道昭などの僧侶は、当時の先進国であった唐に赴き、仏教だけでなく、医学や薬学、土木・建築、農業など幅広く学んだそうです。習得した高い技術を活かして、橋を架けたり、堤を築いたり、水路を造ったりしたそうです。行基も道昭から多くを学んだといわれていますので、土木技術についても高い施工技術を持っていたものと思われます。その証として、行基集団を組織して溜池15窪、溝と堀9筋、架橋6所など多くの土木事業を行っています。また、行基は、732（天平4）年に朝廷からの依頼で多くの民衆を集めて河内国の狭山池の改修を行っています。そして、聖武天皇から東大寺の大仏造立の責任者に任命され、無事に大仏（毘盧遮那仏）を完成させています。その業績により、日本で初めて大僧正（僧の最高位）に任ぜられました。

第2章

土木の棲み分け

11 土木をどう切り分けるか？

土木の基本となる分野は5分野!?

土木は、これまで総合工学などといわれていて、土木に関わらない工学分野はないといわれるほどでした。一方、土木工学の分野（学問領域）はどのように区分されているのでしょうか。大学などでは従来から5分野（構造、水理、土質、計画、コンクリート）に分けて講座を設けている場合が多く、土木学会論文集でも以前は5部門（施工を加えて6部門）に分類していたのですが、最近では土木工学に関わる分野が広がって表に示すように細分化されて8部門19分野となっています。

従来の土木工学は、もの造りのための研究やもの造りにおいて自然とどう立ち向かうかの研究を主眼とした学問領域であったのに対して、近年では社会環境を考慮した領域も土木工学における研究対象となってきています。これは、それまでのハードな部分（構造物の構築など）だけでなく、人々の行動パターンや景観などのソフト面が土木工学の重要な分野となってきているためであり、土木工学の各分野が社会生活に対して強く影響してきているためだと思います。

土木工学は、これまでの建築学、衛生工学、環境工学、農業工学、造園学、都市工学、社会工学などの関連性の深かった工学系の分野のみならず、生物・生態学、経済学、法律学、行動科学、環境科学、地球物理学、宇宙工学、医療工学など理学、医学、文系の学問領域とも共同での研究や相互交流なども行われてきています。また、これまでの5部門自体も部門を超えた研究が多く行われるようになり、ボーダーレスとなりつつあります。

土木工学の持つ総合工学としての特色が、現代のような社会の多様性の中で分野自体も広がっているといえます。これまでのような分野の切り分け（縦割り）から各分野をどう有機的に結び付けていくか（分野を融合した領域もしくは部門）が土木工学の大きな課題といえます。

要点BOX

- ●土木の分野はどんどん細分化されている
- ●土木の分野は他分野との融合も進んでいる
- ●土木の分野はボーダーレス化?

土木学会論文集での部門別分野別一覧

部門	分類	分野	主な学科名（例示）
A	1	構造・地震工学	構造工学、鋼構造、複合構造、風工学、維持管理工学、地震動／地盤、耐震、地震防災、地震工学一般（地震被害調査など）、等
	2	応用力学	個体力学、流体力学、離散体力学、非線形力学、計算力学、数理工学、物理数学、等
B	1	水工学	水･物質循環、水文に関わる気象現象、河川水理、流砂、河床･河道変動、水害･反乱、水防災、河川構造物、河川計画と管理、河川･流域の環境、閉鎖性水域の物理･環境、水資源、等
	2	海岸工学	波と流れ、漂砂と海岸過程、海岸港湾構造物･施設、沿岸域の生態系と環境、地球環境問題、沿岸域のアメニティー･人間工学、沿岸･海洋開発、計画･管理、災害報告、計測･モニタリング･実験手法と情報処理技術、等
	3	海洋開発	海洋における政策･事業･総合的管理、海洋施設の計画･設計･施工･維持管理、海洋の調査･技術開発、海洋環境の保全･再生、海洋の利用、海洋における防災、等
C	—	土質力学	土質力学、地盤工学、基礎工学、岩盤工学、地質工学、地盤環境工学、等
D	1	景観･デザイン	公共施設･公共空間の設計･デザイン、景観の計画･マネジメント、景観調査･分析･強化、景観まちづくり、事例調査･報告、景観論･思想･批評、等
	2	土木史	人物史、技術史、社会･経済史、教育史、設計論、土木遺産、修復･復元、保存技術、等
	3	土木計画学	土木計画論、社会資本マネジメント、公共政策、交通現象分析、土地利用分析、国土･地域･都市計画、交通施設計画、交通運用管理、環境計画、防災計画、景観･デザイン、土木史、空間情報、合意形成、等
E	1	舗装工学	舗装に関する計画、材料、力学、設計、施工、評価、維持修繕、マネジメント、リサイクル、環境保全、等
	2	材料・コンクリート構造	コンクリート、鋼材、高分子材料、新材料、コンクリート構造、複合構造、設計、施工、維持管理、等
F	1	トンネル工学	トンネル、山岳、シールド、開削、推進、沈埋、地下構造物、岩盤、地盤、大空洞、等
	2	地下空間研究	地下空間利用、地下空間デザイン、地下防災、地下浸水、地下火災、地下構造物維持･管理、地下構造物LCM（ライフサイクルマネジメント）、地下バリアフリー、地下空間の普及、地下空間行動心理、等
	3	土木情報学	設計･施工支援システム、空間情報、画像処理、数値解析･シミュレーション、知的情報処理、データモデル･データベース、情報通信技術、情報化施工、情報理論、情報流通･マネジメント、等
	4	建設マネジメント	インフラ整備･開発論、インフラマネジメント論、プロジェクトマネジメント、マネジメントシステム、調達問題、公共政策、建設市場、建設産業および建設企業、人材問題、維持･補修･保全技術に関するマネジメント論、設計･施工技術に関するマネジメント論、等
	5	土木技術者実践	総合工学･技術融合、経済･社会的合意形成、社会とのコミュニケーション、国際貢献、未来技術･将来構想、土木技術者の役割と姿･工学者倫理、ベストプラクティス研究（最適実践研究）、等
	6	安全問題	建設安全問題、労働安全、安全教育、安全システム、防災教育、地域防災、危機管理、BCP（事業継続計画）、等
G	—	環境	環境工学、環境システム、地球環境、衛生工学、環境計画･管理、環境保全･生態系管理、水物質循環と流域圏、廃棄物･資源循環と3R、大気循環･温暖化、騒音振動、環境微生物工学、環境教育･国際協力、等
H	—	教育	技術者教育、教育実践、教育企画、人材育成、生涯教育、継続教育、男女参画教育、産業界教育、倫理教育、学校教育、組織内教育、等

12 土木が総合工学といわれる理由

土木工学はあらゆる工学と繋がっている!

工学という言葉の定義は、さまざまなものがあり、定まったものがありません。ただし、それらの定義で共通して用いられているのは、数学と自然科学を基礎としている点、人文・社会科学の知見を用いている点、公共の安全、健康、福祉のためであるという点です。また、工学は常に新しい技術や知識を取り入れ活用するだけでなく、それまでの学問領域を超えてほかの分野と連携し、取り入れてどんどんその学問領域を拡大させています。工学の基本は、技術を体系化させる科学であり、実学であるといえます。土木工学は、まさにこれまで述べたことを地で行っている学問領域といえます。土木技術は、人類が文明を持つようになった時からあり、土木技術の発展とともにいろいろな技術が派生していったといえます。この点からも土木は工学の大元にあるといっても過言ではありません。

具体的な例として、あるところに鉄道を敷くことが計画されたとします。鉄道建設は、土木、建築だけでなく、電気、機械、通信（情報）が直接関わってきます。これらの鉄道工学は、土木工学の一分野です。また、鉄道が開通することによって、鉄道沿線に人やモノが集まるようになり、新しい街ができてきます。鉄道開通による経済効果については経済学の分野となります。鉄道ができることによる騒音などの環境問題とその対策については、法学や社会学が大きく関わってきます。このように鉄道の建設においても土木だけでなく、多くの工学分野や人文・社会分野も大きく関わる事業といえ、まさに総合事業といえます。それらを支えているのが土木工学であり、総合工学といわれる所以でもあります。

鉄道建設を一例として挙げましたが、土木は人々の日々の生活を支えるための学問であり、人々が関わることのほとんどが土木に大きく関わっているといえます。

要点BOX
- ●工学の大元は土木にあり!?
- ●土木は、自然科学だけでなく、人文・社会科学も含んでいる

総合工学としての土木

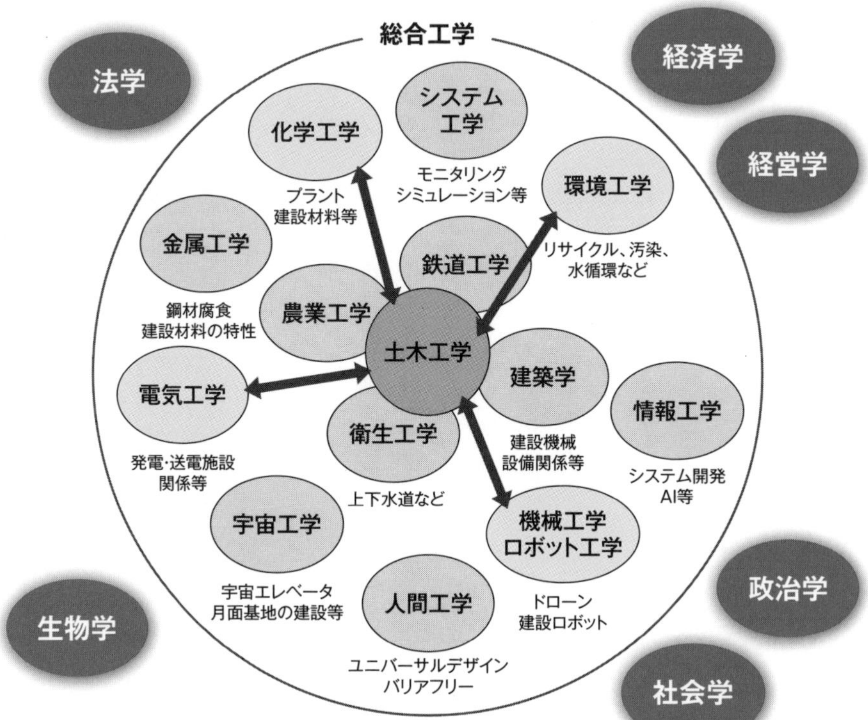

総合工学

法学

経済学

経営学

政治学

生物学

社会学

化学工学

プラント
建設材料等

システム
工学

モニタリング
シミュレーション等

環境工学

リサイクル、汚染、
水循環など

金属工学

鋼材腐食
建設材料の特性

鉄道工学

農業工学

土木工学

建築学

建設機械
設備関係等

電気工学

発電・送電施設
関係等

衛生工学

上下水道など

情報工学

システム開発
AI等

宇宙工学

宇宙エレベータ
月面基地の建設等

機械工学
ロボット工学

ドローン
建設ロボット

人間工学

ユニバーサルデザイン
バリアフリー

総合工学としての土木

13 土木と関連する分野は？

土木はほとんどの分野と関わっている!?

土木では、前項でも述べたように、工学系の分野のほとんどと関連を持っています。ここでは、それ以外の分野である人文科学や社会科学の分野で関連のあるものを紹介したいと思います。

土木では、インフラなどの公共施設の計画、設計、施工、維持管理を行います。インフラの計画では、国や地方の施策があり、その背景には社会的、政治的側面が見え隠れしています。また、そのインフラの建設がビッグプロジェクトであれば、莫大な費用が動くことになり、金融・商業・経済に大きな影響を与えることになり、これらの学問分野と関連することになります。そして、それらを計画していくのがまさに土木計画学になります。当然、そこには計画を推進していく人々の国づくりの思いを論じていく必要があります。これは土木社会論であり、土木哲学といわれる人文科学分野になります。また、インフラの設計にも設計者の考え（思想）が大きく反映されます。ある土木技術者は、「土木は工学だけでなく、工学をツールとした社会学である」ということを述べています。土木は、工学だけの枠に収まらない自然科学・人文科学・社会科学を包含した総合科学の範疇にあるといえます。

他方、土木とは全く無縁と思われる文学ですが、いくつかの大学の文学部には地理学科があります。そこでは水文学（すいもんがく）や地形学、土木史などを教えています。こうしてみると、地理学は文学の分野にある土木といえます。

医療分野と土木分野との関係は、例えば医療検査に用いられる各種検査機器は、土木分野において構造物の調査診断に用いている検査機器と原理や仕様などは非常に近いものが数多くあります。超音波や放射線などは構造物に損傷を与えることなく検査する非破壊試験に用いられています。CTスキャンなどもコンクリートなどの内部欠陥の調査に用いられています。

要点BOX
- ●土木哲学への誘い
- ●文学部と土木との関係？
- ●医療で使う検査機器は土木と同じ？

土木工学と関係の深い地理学

山や海などの地形や方角などを含む地理学は土木構造物にとっても非常に重要な分野

強度やひび割れなどを測る超音波測定器

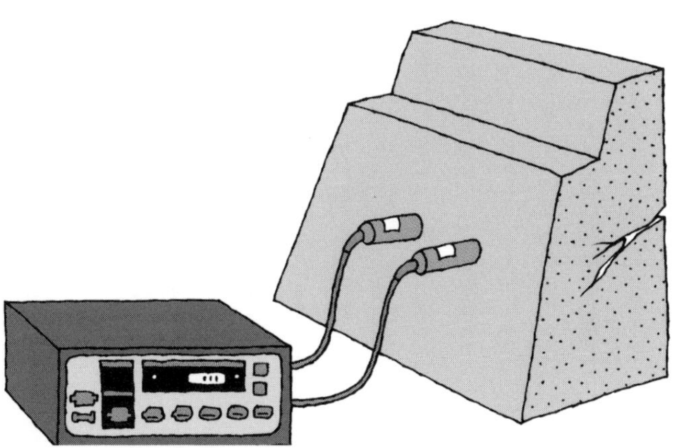

14 土木工学を学ぶために必要な科目は？

数学と物理が基本だが、それだけでは土木を学べない

土木工学は、これまで述べてきたように総合工学、総合科学としての側面を持っています。ただし、土木の基本であるモノづくりという観点から言えば、土木工学を学ぶうえで必須となってくるのが、高校までに学ぶ科目としては力学（物理）と数学（代数、微積分、確率・統計など）となります。これらができないと土木の三力（構造力学、土質力学、水理学）を学ぶこと・理解することができません。もちろんこれだけではありません。現代の構造物のほとんどが鉄とコンクリートでできています。それらの材料やその特性を学ぶためには、材料力学だけでなく、化学（セメントの水和反応や鋼材の腐食など）の知識も必要となってきます。また、河川工学や海岸工学なども土木工学の重要な科目です。それらに欠かせないのが植生や生物の棲息環境など動植物の知識であり、生物学も土木を学ぶ上で重要な科目といえます。

構造物を建設するうえでその地盤の特性や歴史的な背景（過去に洪水や地震などの災害にどれくらい遭遇したのかなど）を知ることも非常に重要です。したがって、地学や歴史も必要な科目といえます。

こうしてみていくと、高校までで学ぶ科目の多くが土木工学を学ぶために必要な科目であるといえます。もちろんこのほかにも法律や経済に関わる内容を含んだ科目は、土木工学を学ぶうえで必須とはいいませんが、必要な科目であるといえます。また、構造解析や地震応答解析、気象予測解析、水理解析など土木工学では多くの解析やシミュレーションを行います。そのためのプログラミングを学ぶ必要があります。さらに、土木では技術者としての倫理が非常に重要となります。

以上のことから、高校での地歴公民（地理、歴史、現代社会、倫理、政治・経済）は、土木工学を学ぶうえで、実は力学や数学と同等かそれ以上に必要かつ重要な科目群であるといえます。

要点BOX

- 地歴公民も土木を学ぶうえで重要
- 高校までで学ぶ科目の多くが土木を学ぶうえで必要もしくは重要

ある高校のカリキュラムの例

教科	科目	1年	2年	3年		土木工学を学ぶ上で必要な科目
				文系	理系	
国語	国語総合	○				○
	現代文B		○	○	○	○
	古典B		○	○	○	△
地理歴史	地理A	○				◎
	世界史B		○	○	○	○
	日本史B			○		◎
公民	現代社会	○				◎
	政治・経済		○			◎
	倫理			○	○	◎
数学	数学Ⅰ	○				☆
	数学Ⅱ		○			☆
	数学Ⅲ				○	☆
	数学A	○				☆
	数学B		○			☆
理科	物理基礎		○			☆
	化学基礎		○			◎
	生物基礎	○				◎
	地学基礎	○				◎
	物理				○	☆
	化学					
	生物					
	地学					
	科学と人間生活			○	○	○
保健体育	体育	○	○	○	○	△
	保健	○	○			△
芸術	音楽Ⅰ	○				△
	美術Ⅰ					
	音楽Ⅱ		○			△
	美術Ⅱ					
外国語	英語Ⅰ	○				○
	英語Ⅱ		○			○
	英語Ⅲ			○	○	○
家庭	家庭基礎		○			△
情報	社会と情報	○				◎

☆：必須
◎：重要
○：学んでおく必要がある
△：できれば学んでおく

※土木に必要な科目の表記は、あくまでも私的なものであり、一般的なものではありません

出典：法政大学中学高等学校のデータをもとに著者作成

15 土木の中の○○工学

土木の中には多くの工学分野が存在している

土木工学は、11項で述べたように、基本的には5分野（構造、水理、土質、計画、コンクリート）に分類されます。また、それぞれの分野は多くの領域に分かれています。例えば、構造分野であれば構造工学、橋梁工学、舗装工学、鋼構造工学、複合構造工学、耐震工学、風工学、防災工学、維持管理工学など多くの工学分野に分かれています。水工学分野でも、水理学、河川工学、水資源工学、海岸工学、海洋工学、流域水文学、水文気象学など数多くの領域に分かれています（細分化されています）。

裏を返せば、土木工学が非常に幅広い学問領域を網羅しているためであるともいえます。さらに、コンピュータ技術の発展によって、土木工学の中に情報工学（気象予想や地震応答、構造物の破壊メカニズムなどのシミュレーション技術、ビッグデータやAIなどによる予測技術など）が取り込まれていっていますし、ドローンや無人操縦での建設機械などのロボット工学との融合なども行われています。

したがって、大学などの高等教育機関では、教える側も学ぶ側も従来ある土木の中の工学分野にしがみついているだけでは現在の土木に対応できていけなくなってきていているのです。例えば、メンテナンス工学では調査・診断から補修・補強まで行うために、土木の一分野に限らず横断的な分野を網羅していかなければなりません。構造物の調査では、機械工学、電気工学の知識が必要となってきますし、寿命予測などにプログラミング工学や計算機工学の知識が必要となってきます。また、補修・補強では取り扱う工法によっては化学や電気の知識が必要となってきます。

図に私が所属する大学の学科のカリキュラム体系を示します。当学科では3つの系（都市プランニング系、環境システム系、施設デザイン系）に分類し、各系で主に学ぶべき科目を提示しています。もちろん共通して学ぶ科目も当然あります。

要点BOX
- ●土木工学の基本は5分野
- ●土木で学ぶ学問分野は拡大している
- ●土木を極めるためには横断的な知識が必要

カリキュラム体系の例

都市プランニング系

交通計画
公共空間デザイン
プロジェクトスタジオ
街づくり　タウンマネジメント
建築法規　建築設計基礎
ランドスケープデザイン　地図とGIS
都市・地域政策　CAD実習　都市調査解析
景観とデザイン　デザインスタジオ　都市計画法と政策
都市デザイン　社会基盤概論　国土・地域概論
技術者倫理　知的財産権
測量学
生態学概論　環境とエネルギー
ジオロジカルエンジアリング
デザイン文化論　開発と国際協力
水理学
図学　確率・統計　工業力学
河川環境工学　構造力学
プログラミング　数値統計法
地盤環境工学　地盤力学　コンクリート工学
英語　数学　物理
流域水文学　RC構造学　鋼構造学
工業英語
水文気象学　ジオテクニカルデザイン　コンクリート技術
上下水道システム　工学実験Ⅰ　工学実験Ⅱ　橋のデザイン　PC構造デザイン
水資源工学　減災工学　耐震工学　鋼構造デザイン　RC構造デザイン
水圏環境システム　海洋環境工学　環境マネジメント　有限要素法基礎　検査技術　メンテナンス工学

環境システム系　　施設デザイン系

出典：法政大学デザイン工学部都市環境デザイン工学科

ロボット工学との融合

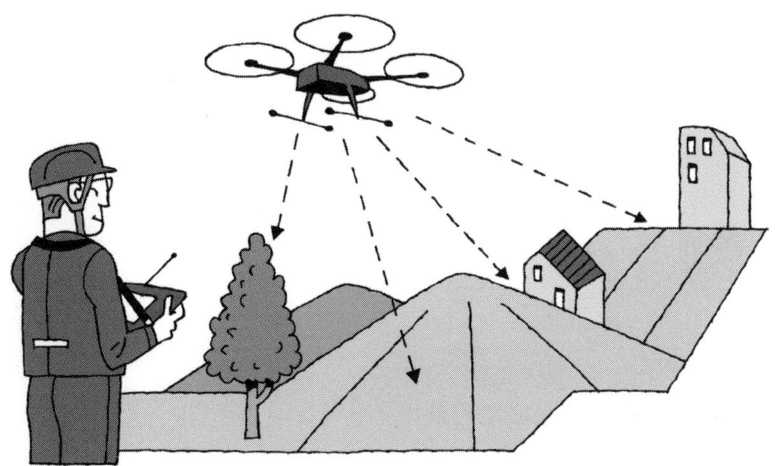

16 土木構造物と呼ばれるものは何か？

土木で扱うのは面的に広がった構造物!?

〝土木構造物にはどんなものがありますか〟という質問をよくされます。それに対して大体の場合、土木構造物は橋やダムなどがありますと答えますが、そのように答えた後、では土木構造物の範疇や定義は何ですかと聞かれると即答できなくなってしまいます。実は私が知る限り、これに対する明確な回答はないのではないかと思います。ある著名な大学教授によれば、〝地球の表面部に自立した状態で荷重を支え伝達することにより、その機能を発揮する構造物〟と定義されています。確かに地に足付いたものが土木構造物であるといえるかもしれません。しかしながら、宇宙ステーションのような空中に浮いているもの以外は建物も含めて全て土木構造物となります（ある意味間違っていないかもしれません）。

確かに、土木構造物と建築物を区分しているのは、国内において建築と土木で受け持っている分野を区別しているだけに過ぎないのです。海外では、建物の構造や施工は土木工学の範疇となっています。そうはいっても、日本では土木構造物と建築物は明確ではないにしても分類されています。

では、土木構造物と呼ばれるものは何なのかについては、私なりの考えですが、地上であっても地下であっても面的に広がった構造物（もしくは構造物群）が土木構造物で、ある場所で垂直に伸びていく構造物が建築構造物ではないかと思っています。こうして考えれば、道路や鉄道、河川構造物（堤防など）、港湾構造物、ライフラインなどは土木構造物となりますし、ビルやタワーなどは建築構造物となります。ダムは、ある場所で垂直に伸びていく構造物ですが、取水施設などの付帯施設、貯水池整備、河川の下流域への影響まで考えれば面的に広がった土木構造物といえます。こうして考えていくと、私たちの生活に関わっている多くのものが土木構造物でできているといってもよいかもしれません。

要点BOX
●土木は横、建築は縦に広がる
●建築構造物と土木構造物を区分しているのは日本だけ？

土木構造物

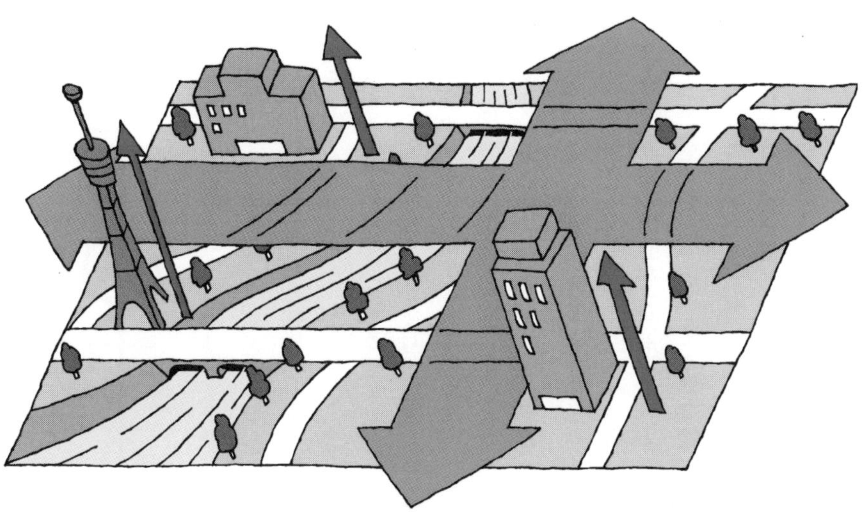

横（面的）に広がる土木構造物、縦に伸びる建築構造物

空中に浮く島（?）も土木構造物?

17 地上の建築と地下の土木

土木が地下で建築が地上の区分は間違っている!?

土木と建築の違いを述べる場合、土木は地上より下を扱い、建築は地上より上を扱うものとよくいわれます。確かに、土木構造物の多くが地面よりも下にあるものが多いのも事実です。しかしながら、土木構造物の代表的なダムや橋は地面よりも上にあります。港や空港などの土木施設も地面より上にあります。ただし、地面よりも上に構築されている土木構造物であっても、地震などによって倒壊しないように杭や基礎構造物（フーチングなど）でしっかりと支えられています。ダムでは、貯水池に水を貯めるために、ダムの堤体の倍以上の面積をグラウト（セメントミルクを岩盤内に注入して周囲の地盤から漏水しないようにする工事）によって遮水しています。土木構造物の場合、地上に見えているものは氷山の一角とまではいいませんが、地下に埋まっている部分のほうが大きい場合が多くあります。もちろん、トンネルや地下鉄、地下発電所や共同溝などそのほとんどが地下構造物というのもあります。

建築構造物においても地面より下には何もないかといえばそんなことはありません。多くの建物の場合、支持地盤まで杭を根入れしていますし、杭頭部分が交点となるように格子状に梁（地中梁）を構築し、地中梁で地上の建物を支えるようにしています。このほかにもコンクリートの底版を構築する場合もあります。建築構造物であっても建物をしっかり支える基礎構造物があるわけです。基礎構造物は、単に地上部分の構造物の重量を均等に受け持つだけでなく、地震国である日本において地震から構造物を守る重要な役割をしています。

私たちは、土木構造物であっても建築構造物であっても目に見えている部分だけを見てしまいがちですが、実は目に見えていない部分（主に地中）に、その構造物の機能を十分に発揮するための重要な部分が隠されていることを知っておくべきです。

要点BOX

- ●建築構造物にも基礎構造物はある
- ●目に見えないところに構造物の重要な部分が隠されている

杭基礎、地中梁、フーチング

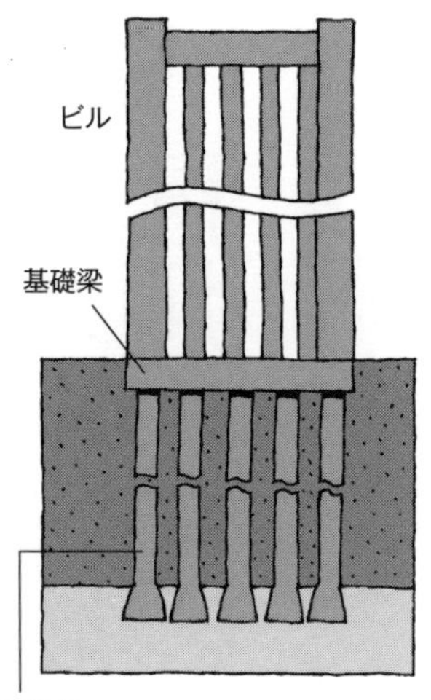

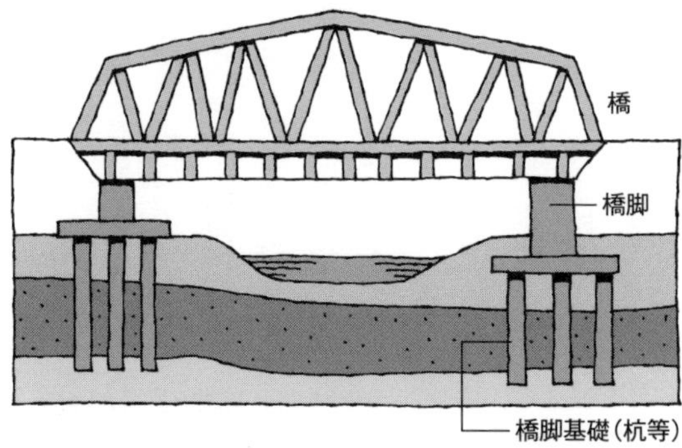

共同溝

18 土木構造物にはどんな種類のものがある？

土木構造物にはさまざまな分類方法がある!?

土木構造物は、目的、用途、材料・工法、建設場所などに応じて多種多様なものがあります。ここでは、土木構造物の種類や分類方法などを紹介していきたいと思います。

土木構造物には、使用目的などによって分類方法がいくつかあると思いますが、例えば種別で分類した場合、道路構造物（橋梁、土工、トンネル、舗装など）、河川構造物（堤防や樋門（ひもん）、樋管（ひかん）、堰（せき）、水門、ダムなど）、港湾構造物（防波堤、防潮堤、岸壁、桟橋など）、エネルギー関連構造物（電力用ダム、導水路、地下発電所、LNG地下タンクなど）、ライフライン（共同溝、水道、下水、電気、ガス、通信など）、鉄道構造物（橋梁、トンネル、土工など）、上下水道構造物（浄水場、下水処理場、ポンプ場など）、空港構造物（滑走路、着陸帯、誘導路、エプロン、空港内道路、進入灯橋梁など）などがあります。

構造形式や材料による分類としては、鋼構造物、鉄筋コンクリート構造物、プレストレストコンクリート構造物、複合構造物、土構造物、石造構造物、木造構造物などがあります。このほかにも施工方法や環境条件などの関係から、建設場所で分類する場合があります。橋梁などの地上土木構造物、LNG地下タンクや地下貯水槽などの地下土木構造物、防潮堤や港湾構造物などの海岸土木構造物、海底パイプラインや洋上風力発電などの海洋土木構造物、堤防や樋門（ひもん）、ダムなどの河川土木構造物、トンネルなどの山岳土木構造物、シールドトンネルや共同溝などの都市土木構造物などがあります。もっと大雑把に山での工事が山岳土木、海での工事が海洋土木、都市での工事が都市土木という分類もあります。

土木構造物の場合、トンネルや橋梁のような構造物では、事業者や施工者によって道路、鉄道、河川の分野において構造形式や施工法、使用材料など異なることがあります。

要点BOX

- 同じ土木構造物であっても構造形式・使用材料によって異なる分類となる
- 土木構造物は山岳・海洋・都市に大別される

土木構造物の種類

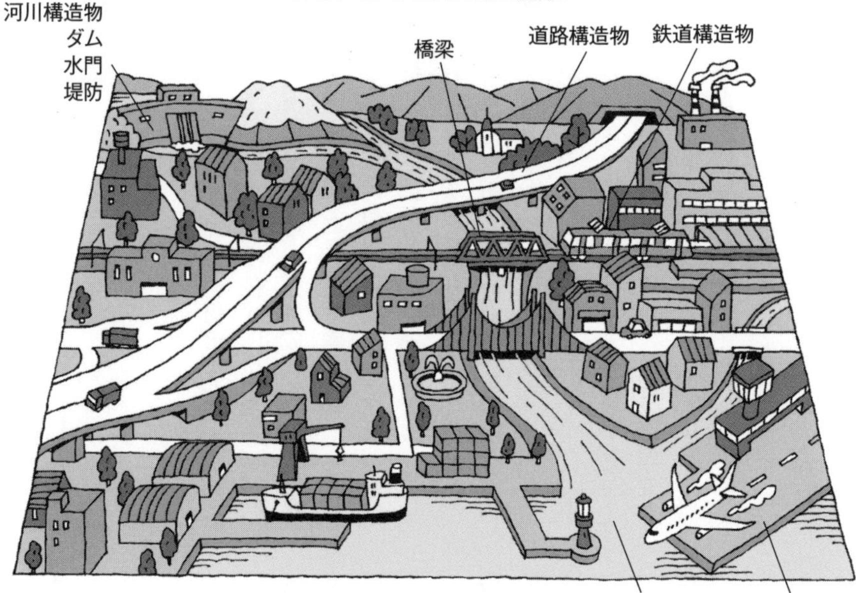

橋のさまざまな種類

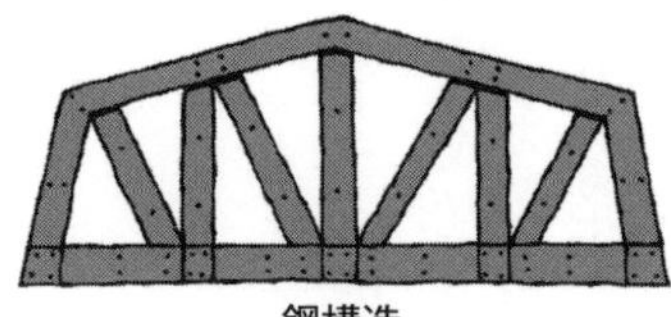
鋼構造

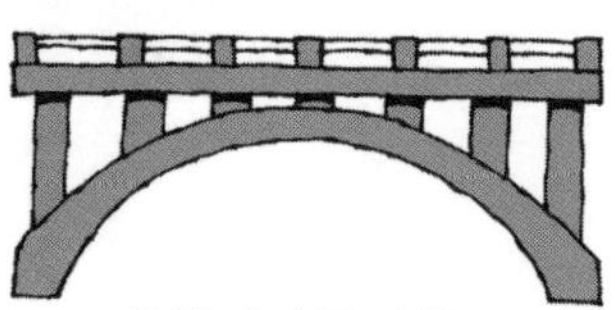
鉄筋コンクリート造

プレストレストコンクリート造

石造

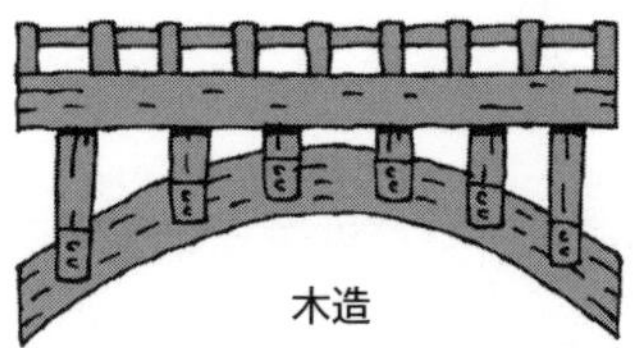
木造

構造形式・使用材料によりさまざまな種類がある橋

19 土木に使われる材料

土木構造物にはいろいろな材料が使われている！

建築物には、構成する材料の区分として、主材と副材料があります。主材は、正式には構造主体材料といってその構造を支えるもの（構成材料）で、構造物に作用するいろいろな力に対して耐えうる強さを持った材料です。土木構造物では、コンクリート、鉄筋などの鋼材、石材、レンガなどが相当します。副材料は、主材に添加あるいは付加して、保存、緩衝、装飾などの目的で使用される材料で、ガラス、各種塗装材、アスファルト、タイルなどがそれに相当します。19世紀までは、主材のほとんどが石（もしくは土）か木材であり、まさに土木構造物であったといえます。産業革命以降、新材料としてコンクリート（現在使われているコンクリートで、古代コンクリートとは異なる）と鋼材が構造物の主材となり、これまで構築できなかった構造形式の建築物が造られるようになりました。また、副材料であったガラスも質がよく安価なものが近代以降大量生産されるようになり、主に建築構造物に多用されるようになりました。鉄もしくは鉄筋コンクリートとガラスとの組み合せによって、構造物内部に自然光をふんだんに取り入れることが可能になりました。また、アスファルトはそれまでの砂利道に代わって車の高速化や乗り心地の改善などに大きく貢献しました。このほかにも建築物にはプラスティックや各種金属などが使用され、より強固で耐久性の高い構造物が構築されるようになりました。

材料の進化と用途拡大は、土木構造物の構造形式を一変させ、社会構造までも変えていく力を持っているといえます。最近では、コンクリート材料としてセメントを全く用いないコンクリートの開発や鉄筋の代わりにカーボンやアラミドのような非金属材料を用いて、錆によるコンクリートの劣化がないコンクリートが開発されています。新しく開発された材料によって土木は、日々変化していっているといっても過言ではありません。

要点BOX

- 構造物に用いられる材料は主材と副材料に区分される
- 鉄筋とコンクリートが現代社会を支えている

土木に使われる材料

鉄とコンクリート（現代）

石や木でできた橋（鉄とコンクリート以前）

現代と中世の建物の違い（使われる材料によって部屋の中の明るさが異なる）

Column

土木に多大な影響を与えた人たち
ジョン・スミートン

ジョン・スミートン（イギリス、1724〜1792）は、多くの橋、港、運河などの土木構造物の建設に携わった土木技術者で、当時の陸軍の工兵と区別する言葉としてCivil Engineer（土木技術者）という言葉を初めて用いた人物です。また、彼は土木の分野だけでなく機械工学や物理学などでも著名な学者であり、総合工学者ともいえる人物でした。ジョン・スミートンは1771年に土木工学協会を設立しており、この協会が彼の死後の1818年に英国の土木学会（世界初の土木関連の学会）になっています。

彼の土木の功績は数々ありますが、その中でもエディストーン灯台の建設は、現代のコンクリートの礎を築いた記念すべき事業といえます。エディストーン灯台は、メイフラワー号の出航地として知られるイングランドのプリマス港の南方海上22kmの地点にある灯台です。1755年にそれまであった灯台が焼失してしまい、ジョン・スミートンが灯台の再建を命じられ、土木技師として現地に赴きました。現地は、激しい波浪に曝される岩礁地帯で、灯台を再建する場所もしばしば海面下に没するところでした。

スミートンは、耐火性や耐久性の観点から灯台を全石造とし、石積みの目地材に用いるモルタルとして、硬化後難溶性を示すローマンセメントに着目し、その材料選定のための研究を行いました。スミートンは、実験結果から、石灰石のみでは水硬性（水と反応して硬化し、難溶性となる）とはならないこと、粘土分がその役目を果たしていることを突き止めました。ただし、現代のような1450℃までの高温にする焼成技術がなかったことから、現在我々が用いているセメントに含まれる鉱物を生成するまでには至りませんでした。しかしながら、現在のセメントに繋がる技術をいくつも示唆している点から、スミートンは現在のセメントの礎を築いたといえます。

この後、セメントの開発はヨーロッパ全土に広がっていき、英国人のジェームス・パーカーは粘土分を含んだ石灰石を1100℃近い温度で焼成することに成功し、現代のセメント製造に近い方法を提案しています。製造されたセメントは、テムズ河底トンネルなどに適用されました。さらに、アイザック・チャールズ・ジョンソンは、原料の割合と焼成温度について検討し、ほぼ現在のポルトランドセメントと同じ組成を持つセメントを製造するまでに至っています。

第 3 章

土木計画

20 土木計画とは？

何もない荒野に街を造るためには、最初に何をしますか？

見渡す限り何もない荒野の真ん中にいきなり立たされ、ここにあなたの理想とする街を造りなさいといわれたらどうしますか。この場合、まずあなたは理想とする街の見取り図（青写真）を造ることから始めると思います。具体的には、そのためにはどれくらいの人が住めるようにするのか、そのためにはどれくらいの規模のライフラインなどのインフラの整備を行わなければならないのか、その街までの輸送手段（街までのアクセス道路や鉄道の計画、街を造るための資材の運搬、完成後の物流など）をどうするのかなどを考えていく必要があります。また、その場所の地形や地質の調査、街を造ることによって周囲に及ぼすいろいろな環境影響の調査および評価などを行うことも必要になってきます。

土木学会の土木計画学研究委員会では、最初に「社会基盤の整備には長い時間と多くのお金がかかります。また、大きな施設は、さまざまな人や自然に影響を与えます。このため、社会基盤がよりよい社会の実現を目指しているとしても、実際の整備に先立ち、影響を受ける人や組織などの間の利害をあらかじめ調整することが必要になります。この調整の結果得られる青写真が〝計画〟であり、土木計画学では、その計画の〝作り方〟や、計画が持つべき〝理念〟についても研究しています」と述べています。これは、土木計画を簡潔に示したものといえます。

土木計画には、社会システムを構築していくための国土計画、都市計画、交通計画などがあります。また、実際のインフラ整備のための企画・計画、設計、施工、維持管理の一連の事業の流れの中の企画・計画を行うのも土木計画です。

あなたの考え方、理想の如何（いかん）によっては素晴らしい街にもスラム化してしまうような街にもなってしまいます。土木計画は、理想の街づくりのための重要な役割を担っているのです。

●社会システム構築のための土木計画
●土木計画は土木事業推進の企画・計画を行う
●理想の街づくりを計画するためには理念が必要

土木計画を立てる

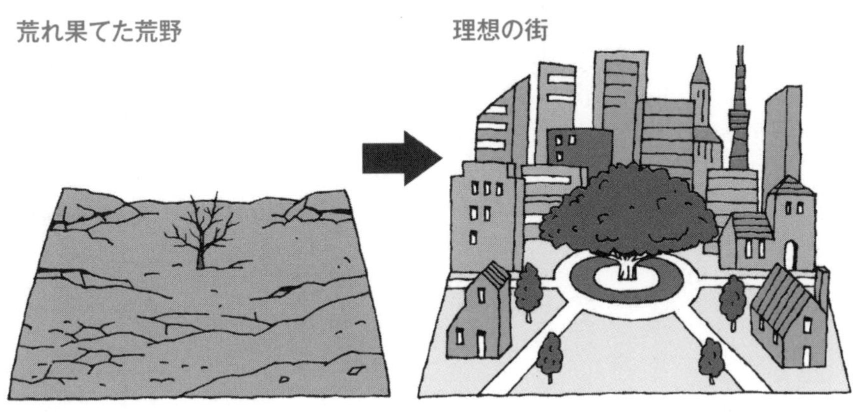

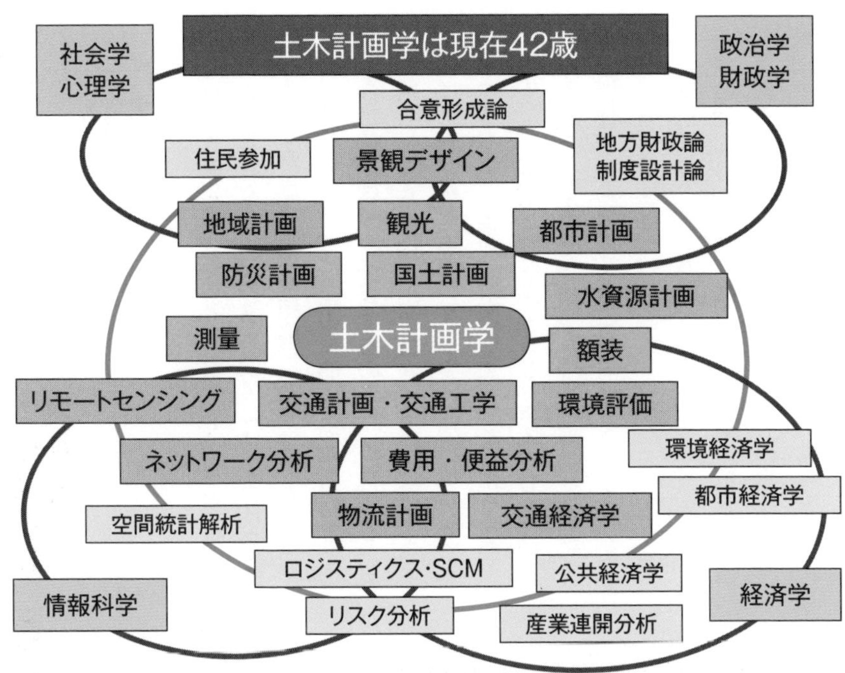

土木計画学は、誕生して42年になります。土木計画学の守備範囲も広く、社会学、心理学、政治学・財政学、情報科学、経済学など多くの学問分野を含んでいます。

出典：土木学会第95回通常総会特別講演〝土木計画学の進化と社会的役割〟稲村肇、2009.05

21 土木計画とはどんなことをするのか？

土木事業や社会基盤整備の企画・計画

土木計画には、総合的・長期的な計画を行う国土計画や都市計画、環境計画、交通計画などと実際の土木事業（例えばインフラストラクチャーの建設）における計画、設計、施工、維持管理の一連の流れの中の計画（企画や事前調査も含む）に大別されます。この2つはいわゆる戦略と戦術に相当するものです。土木計画における戦略とは、国民一人ひとりが安心・安全に暮らしていくために、国や都市などをどのように運用していくのか長期的かつ大局的な視点から考えていくものです。一方、土木計画における戦術は具体的な対象物である土木構造物（群）をどこに造るのか、建設に対して住民の同意は得られているのか、建設場所の用地は確保できているのか、構造物の規模や形式（形状）、いつまでに完成させるのか、耐用年数（どれくらい使うのか）はどうするのかなど、その事業を推進していくために必要なことを一つひとつ決めていくことです。

では、実際にどんなことをしていくのかというと、土木計画を行ううえでの基本要素には、主体（事業者のような意思決定する組織、機関）、計画対象（どんな構造物なのか）、計画の目的（その構造物をどのような目的で建設、使用するのか）、実行するための手段（どこから費用を出すのか、その建設によって例えば、在来種が絶滅しないように別の棲息場所を用意するなど）、構成（計画の手順やどのような順序でどのように進めるかなど）からなります。したがって、これら5つの基本要素に沿った内容の展開やそのシステムの構築、必要となる手法の展開を一つずつ決めていくことになります。

具体的には、社会基盤（インフラ）や土木事業（土木構造物）などの計画に関係する現象の把握・分析とその将来予測のための現象システムの構築および計画立案（プランニング）と評価システム（アセスメント）を行っていくことになります。

要点BOX
- ●土木計画は、戦略と戦術からなる
- ●土木計画は長期的・大局的な視点が必要
- ●土木計画には5つの基本要素がある

土木計画の戦術

1 基本プランをつくる

2 みんなの意見を聞く
（意見聴取、住民参加）

合意形成

3 具体的にどうやって
造っていこう?

4 実際に
街づくりを行う

5 新しい街の誕生

22 土木の計画は誰がするのか？

土木計画は、天下国家のために国や地方自治体の役所の人たちが一生懸命策定しているイメージがあります。確かに、具体的なプランを作成したりするのは役所の人たちなのでしょうが、実は私たち一人ひとりが土木計画に携わっているのです。人が文明を持つようになり、国が誕生し、支配する者たち（国王や領主）が自分の意のままに国の行末を決定することが近世まで続いていました。

日本でもつい最近まで官主導の国土計画や都市計画が行われていました。しかしながら、最近ではいろいろな土木事業を行う際に住民参加が行われるようになってきました。ただし、各自が自分の主張だけを押し通すようなことをすれば、住民の合意形成のない無秩序な街ができあがってしまいます。それは、発展途上国での住民が勝手に家を建てたり住んだりするようなスラム街となってしまいます。その街は衛生状態が劣悪で、一旦火事などが起これば避難することもできません。街づくりはみなさん一人ひとりの意見を大切して、みなさんが納得できるものにしなければなりません。そのみなさんのまとまった意見（合意形成）の基に、土地の区画や道路、ライフラインの計画的な整備など街づくりのルール作りと交通整理を役所などの専門の人たちが行っていくのです。

土木計画自体は、行政や専門家たちであるその道のプロが行っていくのですが、その行政や専門家たちだけで計画を推進し、住民の意見を無視して一方的に立ち退かせるようなことは決してあってはならないのです。どこかの国のように、オリンピックをやるから、今住んでいる場所から強制的に立ち退かせるような前時代的な行為は許されるものではないのです。そのためには、自分たちの将来を見据えた街づくりに住民一人ひとりが意見を述べていく必要があります。土木計画は実はみなさんが行っているといっても過言ではないのです。

- ●土木計画は行政や専門家だけのものではない
- ●住民の合意形成が土木計画にとって重要
- ●住民一人ひとりの意見が土木計画を推進していく

合意形成が重要な街づくり

自分勝手な街づくりをしてしまうと、無秩序な街になってしまう

こうならないために

住民の
意見を
大切に

住民自身が考え、納得できる計画が重要で、その合意形成の
プロセスをきちんと踏んだ土木計画が必要である

23 事業計画を立案するために必要なことは？

事業計画の基本は、規模、費用、時間？

土木における事業計画と一言でいっても、国家戦略的なものから下水管の更新のようなものまでさまざまです。ここでは、比較的身近な例で説明したいと思います。

ある地方都市で街の郊外に土地の造成と大型の商業施設の建設が予定されているとします。土地の造成と大型商業施設は街の西側で、これまで田んぼや畑などの農業生産地域であったとします。現在住民の多くは、街の東側に居住しており鉄道の駅も街の東側にあります。一方、街の中央には南北に二級河川が流れています。これまで橋は街の北側と南側に2本ありますが、土地の造成と商業施設の建設で街の東西の人の移動が活発になることが予想され、現在の2本の橋だけでは橋周辺に慢性的な交通渋滞を引き起こすことが予想されます。市では、新しく橋の建設とそのアクセスのための道路事業を計画することになりました（既に居住している住民との合意形成はできているとします）。

橋の建設（事業計画）では、[ア]ルート選定と完成予定（[イ]建設期間）を決めなくてはなりません。当然建設に伴う[ウ]資金の確保も必要となります。どこに建設するかは、[エ]架橋予定場所の調査（川の水深や幅、周辺の立地など）や人や車の利用数に対する[オ]需要予測が必要となります。橋の建設とそのアクセス道路建設による[カ]経済的（商業施設への利用や駅の利用客の増加による周辺の経済効果など）・[キ]社会的な影響（アクセス道路建設に伴う道路の拡幅による立退きや周辺住宅への騒音など）の調査が必要となります。

需要予測を基に橋の規模（何車線とするかなど）や橋の形式（周囲の景観との調和や建設費用との関係など）の[ク]概略計画、[ケ]土地の造成による人口増加や商業施設の完成時期も含めて供用時期を定める必要があります。ただし、ここに挙げたことは計画立案のほんの一部です。

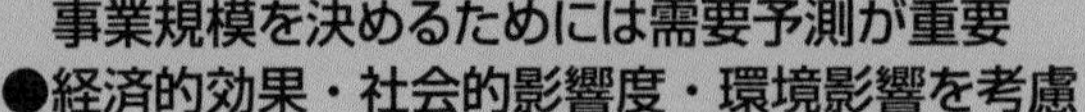

土木事業計画のプロセス

〈建設予定イメージ〉

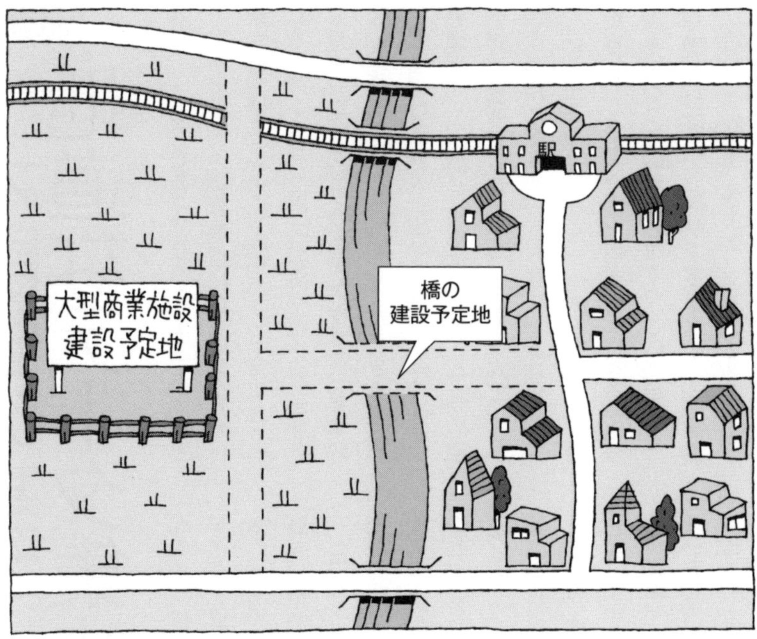

大型商業施設が街の西側にできるため、橋や道路の整備が必要となる。そのための調査・検討事項が数多く発生する

〈必要な手順〉

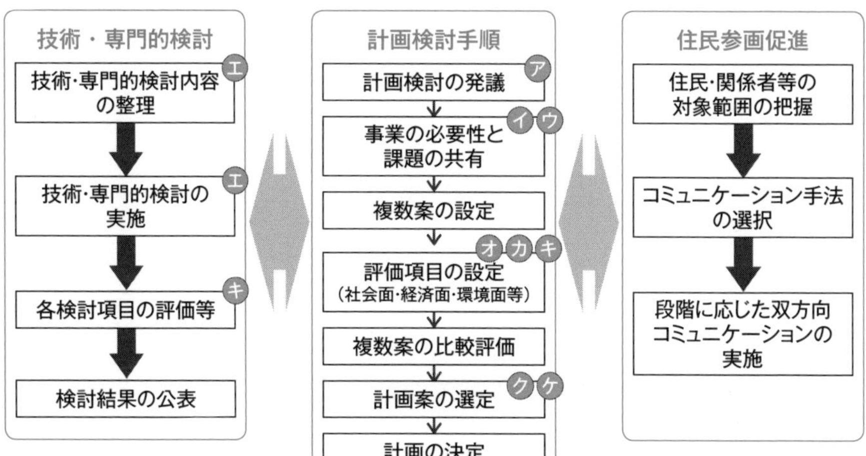

出典：国土交通省

24 土木計画の基本は地道なデータ集めから

携帯の位置情報も活用

国勢調査は、1920年（大正9年）から5年に1度行われているもので、調査項目には人口分布だけでなく職業（産業構造）や交通利用なども含まれています。これらのデータは、国土計画や都市計画などの戦略的な土木計画を行ううえで欠かせない基本的な統計量といえます。何かを計画しようとする場合、まず重要となるのは現状を把握することです。特に土木事業の場合、人口の分布や推移はインフラの整備や維持管理に重要となります。人も住んでいない場所に立派な道路や橋を造っても意味がありません。国勢調査だけに頼るのではなく、土木計画では人の移動や移動目的、その交通手段などを調べるパーソントリップ調査というものがあります。この結果から、鉄道計画や道路計画にも反映できますし、商業活動などへの検討にも利用できます。

これらのデータは、ある程度の数と規模（母数）が必要であり、1回だけではなかなか傾向もわかりませんので、繰返し行う必要があります。また、集めたデータを集計して分析していく必要もあります。非常に地道な作業ですが、そこから日本の将来や国土計画が垣間見えてくるのです。

最近では、ほとんどの人が持っている携帯電話を利用して、行動パターンや人が集まるところ、その時間帯などのデータの取得（もちろん個人情報は一切含まれていません）が行われています。膨大なデータ（ビッグデータ）でありながら、AIなどを利用して短時間で分析処理することができます。ほかにも交差点などで交通量調査をしているのを見かけたことがあると思います。カウンターを押しながら1日中車の種類（自動車、貨物車、原付など）とその台数を調べる地味で非常に大変な調査もあります。しかしながら、これらのデータは道路計画などに大いに役立っているのです。土木計画は、地道な調査から始まっているといっても過言ではありません。

- ●国勢調査結果は土木計画で必須データ
- ●地味でスゴイ、交通量調査
- ●統計データの分析もAIを活用

交通量調査

交通量調査員

AIを活用した通行量調査

交通量調査とは、全国の道路の交通量および道路現況等を調査し、道路の計画、建設、維持修繕その他の管理等についての基礎資料を得るためのものです。

GPS機能を利用した人の行動調査

メッシュ型流動人口データ

GPS位置情報を基に

人口をメッシュごとに統計化

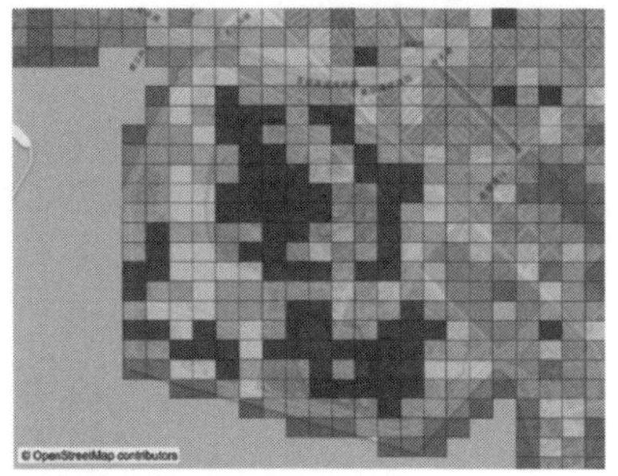

- □ 日本の総人口規模に換算
- □ 50m・100m・500m・1km メッシュを提供

ポイント型流動人口データ

GPS位置情報を基に

人の流れや速度を点で可視化

- □ 人の流れを「点」の状態で細やかに把握
- □ 全世界・マルチキャリアの位置情報を収集可能

出典：国土交通省

25 土木構造物を造るための手順

計画段階にはさまざまな手順を踏む必要がある

土木構造物の多くは公共構造物であることから、その構造物を構築するためには目的や効果（造る意義、その構造物があることによる社会的・経済的効果）を明確にする必要があります。住民にこの目的や効果を明確に示していないために、往々にして箱モノ行政、税金の無駄遣いなどと揶揄（やゆ）されてしまうのです。まずは、その構造物の建設目的、効果などの基本方針（コンセプト）を示した基本計画の策定と承認が最初といえます。次に、基本計画を基にして構造物の建設場所、規模、工期、費用などを明確にした事業計画を立てることになります。そのために、現地調査を含むいろいろな調査や文献調査（実際の交通量の調査などのデータ収集など）の調査業務を行う必要があります。

これらの基本計画を基にした調査業務結果から具体的な事業計画が立てられるのですが、構造物の建設にはそれに関わる多くの関連法令があるので、それらの整理および検討をしていく必要があります。

特に、構造物の建設に伴う環境影響評価は重要といえます。最近ではLCA（ライフサイクルアセスメント）による検討・評価が行われるようになってきています。また、その構造物に対するLCC（ライフサイクルコスト）を検討して、予想される供用年数から初期コスト（建設コスト）、メンテナンスなどのランニングコストや更新コストから最適な費用配分を算定するとともに、費用便益分析（その事業が社会に貢献する程度を分析する手法）が行われます。そして、最も重要なこととして、その構造物をいつまでに完成させるかです。これによって、費用、規模などの事業計画が大きく変更されてしまいます。

事業計画ができれば、予算の確保を行うとともに、事業計画を基にした概略設計が行われます。例えば、橋梁であれば架橋場所の選定や橋梁形式、規模などが決められます。構造物を造るまでには、さまざまな手順を踏んでいくことになるのです。

要点BOX

- ●基本計画の策定と承認
- ●事業計画の立案
- ●基本設計（概略設計）の実施

土木構造物建設の計画段階での大まかな流れ

基本計画の策定と方針

・なぜ造る必要があるの?
・どんな効果があるの?
　などの疑問に答える内容を盛り込む

調査

・現地調査
・文献調査(データ調査)
　などを行う

関連法令の整理・検討

★環境影響評価
LCAによる検討・評価が行われる

事業計画の策定

・どこに造るの?　大きさは?
・いつまで工事が行われるの?
　などの疑問に答える内容を盛り込む

予算確保、概略設計などが進められる

26 土木計画を学ぶために必要な科目は？

土木計画を学ぶには全ての学問分野を網羅的に学ぶ必要がある

土木工学は、社会基盤整備などを行っていくために橋やトンネル、道路などを設計・施工・維持管理していくハードな部分とそれらを企画・計画していくソフトな部分とに大別できます。

ハードな部分では、これまで述べてきた三力（構造力学、土質力学、水理学）に代表される力学・数学に力点を置いた科目が主となっています。

一方、ソフトな部分では確率・統計、プログラミングなどの数理計算を中心とした科目もありますが、経済学、社会学、政治学、哲学、法学などのいわゆる社会科学や人文学などの文系の科目が必要となってきます。例えば、ある川に橋を建設するとして、費用便益の算定では数理計算が主となりますが、経済的効果の推定では経済学が必要となります。また、行政プロセスの観点からは政治学が必要となります。さらに、その橋の社会的運用や利用に関しては、公共心理学の知識が必要となってきます。特に、橋の利用においては人の行動パターンなどを分析する必要があり、行動科学を学ぶ必要があります。行動科学は心理学、社会学、人類学、精神医学を基に人間の行動パターンを科学的に研究するものであり、これも土木計画を学ぶうえで必要な科目といえます。

京都大学の藤井聡教授（『列島強靭化論』など多数の著書がある）の著書である『土木計画学』では、数理的最適化理論、統計的予測理論、態度変容型計画論（公共心理学に基づく土木施設の社会的運用）、社会学的計画論、行政プロセス論、マクロ経済論、土木計画の目的論（「計画目的」についての社会哲学）について書かれています。この著書からもわかるとおり、土木計画学は総合工学の枠に捉われない文理融合した学問領域にあるといえます。

こうしてみていくと、土木計画を学ぶためには非常に幅広い学問分野を網羅的にカバーしていかなければならないことになります。

要点BOX
- ●土木計画には社会科学や人文学が必要
- ●行動科学を学ぶことも土木工学には重要
- ●土木計画は文理融合した学問領域

土木計画で学ぶべき科目

都市分野で特に学ぶ必要のある科目

都市プランニング系

社会学
経済学
法学
政治学
心理学
哲学
人類学
行動科学
精神医学

交通計画
公共空間デザイン
プロジェクトスタジオ
街づくり　タウンマネジメント
建築法規　建築設計基礎
ランドスケープデザイン　地図とGIS
都市・地域政策　CAD実習　都市調査解析
景観とデザイン　デザインスタジオ　都市計画法と政策
都市デザイン　社会基盤概論　国土・地域概論
測量学

技術者倫理　知的財産権
生態学概論　環境とエネルギー
ジオロジカルエンジアリング
デザイン文化論　開発と国際協力
図学　確率・統計　工業力学
プログラミング　数値統計法
英語　数学　物理
工業英語

水理学
河川環境工学
地盤環境工学　地盤力学
流域水文学
水文気象学　ジオテクニカルデザイン
上下水道システム
水資源工学　減災工学　耐震工学
水圏環境システム　海洋環境工学　環境マネジメント

工学実験Ⅰ　工学実験Ⅱ

構造力学
コンクリート工学
RC構造学　鋼構造学
コンクリート技術
橋のデザイン　PC構造デザイン
鋼構造デザイン　RC構造デザイン
有限要素法基礎　検査技術　メンテナンス工学

環境システム系　　施設デザイン系

出典：法政大学デザイン工学部都市環境デザイン工学科の資料をもとに作成

27 土木計画は過去・現在・未来を見据えて行う？

過去の状況から現在の状況を判断し、将来の状況を予測

社会基盤整備を行ううえで、重要となってくるのはその整備目的（なぜその土木構造物を造るのか）を明らかにしていくことです。どういうことかというと、例えばダムの建設を計画する場合、これまでにその河川で大規模な洪水（出水）が何回あって、どれくらいの被害があったのか、渇水がどれくらいあって、それによって農業被害や断水などの被害がどの程度であったのかという過去における被害実態を確認する必要があります。そのような被害を防ぐためには、この川の上流にダムを建設する必要があり、それができることによって大雨が降っても被害を最小限にすることができ、雨不足でもダムの貯水池の水で水不足を解消できますというように、これまでの実態を踏まえたダム建設の目的と効果を示すことができます。これらの過去の状況を踏まえて、どこにどれくらいの規模（例えば100年確率降雨を基に設計）のダムを建設したらよいのかという計画を立てることになります。

さらに、ダムを建設した場合に、堆砂がどの程度あって、ダムの機能が所定の性能を維持できる耐用年数がどれくらいあるのか（堆砂除去しないとして）、ダムの付帯設備の耐久年数などを予測します。ほかにも建設予定地で過去にどれくらいの規模の地震があったのかというのも計画・設計するうえで重要となってきます。

このように、土木計画のベースにあるのは過去の実績やデータといえます。当然そこには未来予測が伴ってきます。現状からだけで基盤整備の計画を行うことは根拠のない計画といえます。ただし、昨今の異常気象などを鑑みると、過去のデータだけでは想定しきれない事態を招く可能性があることから、それらを十分に踏まえた計画（未来予測）を行っていく必要があります。土木計画は、いろいろな計画に及ぼす影響が縦軸にあり、時間軸が横軸にあって、それらを結びつける行為ではないでしょうか。

●過去の各種データを基に計画の基本が造られる
●土木計画には、未来予測が必須である

ダム建設

洪水

渇水

過去の洪水被害や渇水被害を基に計画

ダムの建設
（過去の状況を踏まえたダムの規模）

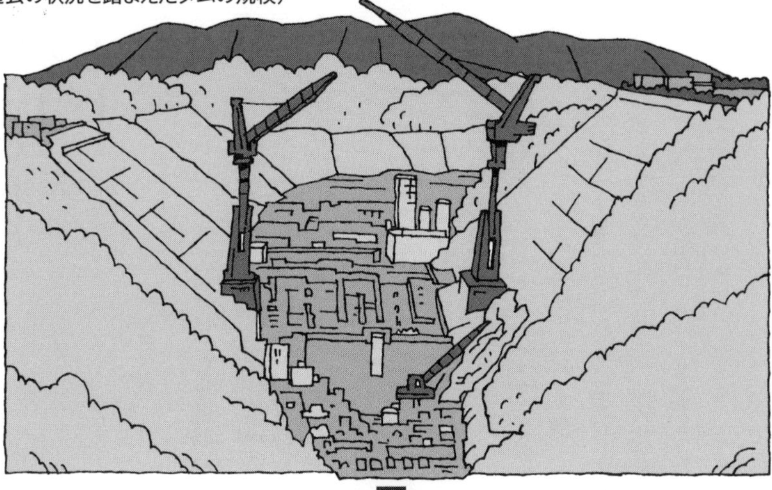

流入

ダムの機能維持、耐用年数

ダム計画では、100年間で貯水池に貯まる土砂の量を推定し、そのための容量（堆砂容量）をあらかじめ確保している。

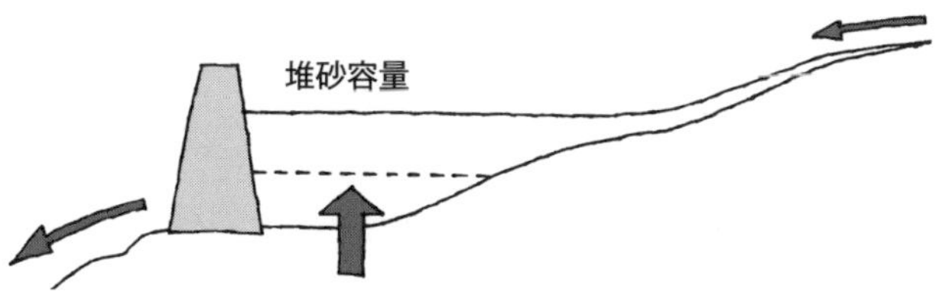

28 国家百年の計は土木にあり!?

国土計画、都市計画は国の未来を左右する

国土(形成)計画は、国の行末を決めていく大事なものです。国土交通省では、第二次国土形成計画(全国計画、2015年に閣議決定した計画、その前年に国土のグランドデザイン2050を策定)において「国土に関わる幅広い分野の政策について、長期を見通して、統一性を持った方向付けを行い、目指すべき国づくりを推進するエンジンとなる」とその意義が述べられています。この国土計画には、本格的な人口減少社会への取り組み、地方創生実現への取り組み、イノベーション(技術革新)と経済成長への取り組みがこれからの国づくりの柱と位置付けています。また、急激な人口減少(背景となる少子化)および高齢化、近年勃発した災害への対処および今後発生が予想される未曾有の災害への備えなどこれからの国土づくりに対する課題とそれらを解決していくための方針が述べられています。さらに、世界規模で急速に変化していく社会に対応していく方向性についても述べられています。

グランドデザイン2050が長期の国土計画であるのに対して、第二次国土形成計画は2015年から2025年の10年間の中期計画といえます。しかしながら、2020年頃に突然世界中に蔓延したコロナ禍によって、ここに挙げた国土計画の大幅な変更を余儀なくされています。大筋での方向性自体は大きく変わらないのかもしれませんが、先の見えないこの時代において国土づくりの舵取りをどうするのか非常に難しい選択を迫られているように思います。

人々の生活様式がこのコロナ禍で一変したかもしれませんが、インフラの老朽化は進行しているわけですし、今後起こると予想されている大地震の発生がなくなるわけでもないのです。ここ数年の異常気象による自然災害が減るわけではなく、それらから人々の生活を守るための国土づくり、国土計画に待ったはないのです。

要点BOX

- ●国土計画は社会の変化に柔軟に対応
- ●国土計画は今後の課題に正面から取り組む
- ●人々の安心・安全を守ることが国土計画の基本

国土交通省が掲げる国土形成計画「対流促進型国土」のイメージ

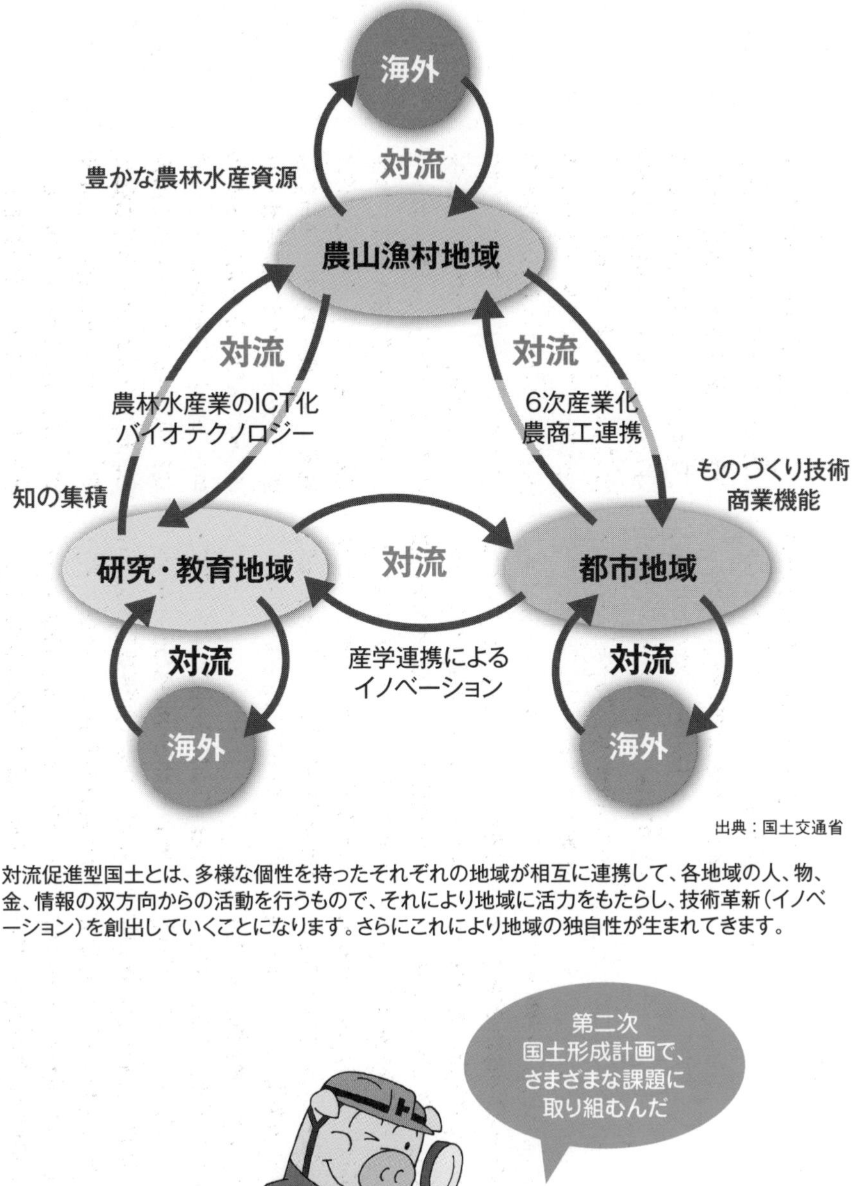
海外
対流
豊かな農林水産資源
農山漁村地域
対流
農林水産業のICT化
バイオテクノロジー
対流
6次産業化
農商工連携
ものづくり技術
商業機能
知の集積
研究・教育地域
対流
都市地域
対流
産学連携による
イノベーション
対流
海外
海外

出典：国土交通省

対流促進型国土とは、多様な個性を持ったそれぞれの地域が相互に連携して、各地域の人、物、金、情報の双方向からの活動を行うもので、それにより地域に活力をもたらし、技術革新（イノベーション）を創出していくことになります。さらにこれにより地域の独自性が生まれてきます。

第二次
国土形成計画で、
さまざまな課題に
取り組むんだ

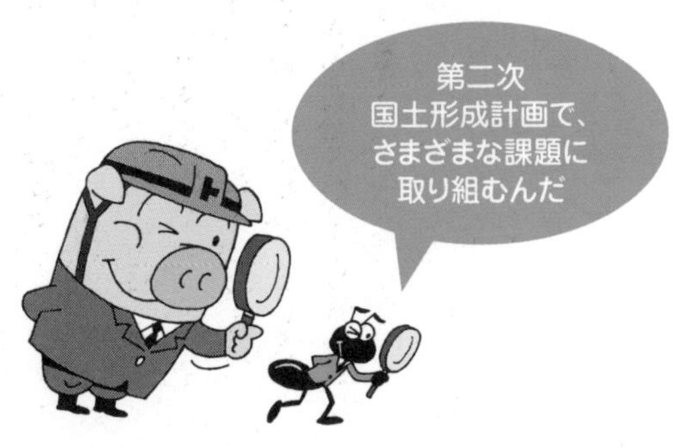

Column

土木に多大な影響を与えた人たち

古市公威

古市公威（ふるいち　こうい、1854年〜1934年）は、姫路藩士の長男として生まれ、明治維新後の1875年に文部省の最初の留学生としてフランスに留学し、1879年に工学士、1880年には理学士を取得しています。帰国後、内務省土木局に勤務します。1888年には、帝国大学工科大学（東京大学工学部の前身）初代学長に就任しています。1894年には、内務省の初代土木技監に就任し、土木行政の改善や土木法規の整備を行いました。代表的な功績としては、東京港や横浜港の建設があり、日本で初めて大型船が接岸できる埠頭の設計を行っています。また、内務省土木局技監として全国河川の治水対策、港湾整備を行うとともに、土木学会初代会長、日本工学会の会長を歴任しています。

土木学会の設立に際しては、土木が総合工学であることから、土木技術や土木工事に特化したような専門家集団とならないように、第1回の総会での会長としての講演の中で以下のように述べています。

「本会の研究事項はこれを土木に限らず、工学全般に広めることが必要である。ただ本会が工学会と異なるところは、工学会の研究は各学科間において軽重がないが、本会の研究は全て土木に帰着しなければならない、即ち換言すれば本会の研究は土木を中心として八方に発展する事が必要である。この事は自分が本会のために主張するところの、専門分業の方法及び程度である」

これは、土木が目指すところを示すものであり、私たち土木技術者が常に心掛けていないといけないことだと思っています。ジョン・スミートンがイギリスにおける土木の父であるならば、古市公威は日本における土木の父といえるのではないでしょうか。

古市公威は「僕はどうも学者でもなし，実際家でもなし，行政家でもなし，技術家でもなし，何だか訳の分からない人間で，まあ鵺（ぬえ）的人物とでも言うのだろう」と自身を語っているそうです。まさに土木が総合工学であり、人々のために滅私奉公する公僕であり、古市自身そのように振る舞ってきた証ではないでしょうか。

第4章 土木設計

29 設計とデザイン

設計とはデザインすることである

一般の人たちがデザインという言葉を聞くと、洋服をデザインする、建物をデザインするなどの意匠を想像しますが、デザインという言葉には設計、図案という意味もあります。デザインは、思考や概念などのイメージ（頭の中にあるもの）を具現化（形にする）するものであり、設計行為そのものともいえます。一方で、あるシステムを構築するのもデザインであり、○○をデザインするという時、その○○の仕様を決めることや計画するということも含まれているといえます。

したがって、土木の分野でのデザインは企画・計画・設計に相当する広い範囲に用いる用語と捉えることができます。デザインは、建築の分野の意匠設計だけの範囲ではないということです。

日本技術者教育認定機構（国際的に通用する技術者の育成とそれに必要な教育の質保証などの社会的ニーズを背景に、大学などの高等教育機関の技術者教育プログラムの審査・認定を行う非営利団体、JABEE）においては、デザインは建築デザイン、都市デザインおよびエンジニアリング・デザインがあり、必ずしも解が一つでない課題に対して種々の学問・技術を利用して実現可能な解を見つけ出していくことであり、そのために必要な能力（問題解決能力）をデザイン能力と定義しています。そのデザイン能力には、解決すべき問題認識能力、環境保全、経済性などの条件特定能力、論理的な特定・分析能力などがあるとしています。これらの課題を解決するためには、数学、自然科学などの科学技術に関する系統的知識を適用する必要があるとしています。

まさにこれは土木が求めている技術者そのものといえます。土木の分野には計画設計、構造設計、景観設計、材料設計、橋梁設計など非常に多くの設計行為があります。これらは全て土木構造物を造るためのデザインといえます。

要点BOX

- ●デザインはイメージを具現化する行為
- ●土木のデザインは企画・計画・設計が対象
- ●土木技術者にはデザイン能力が必要

デザイン

デザインといえば、フッション
デザイナーや建築の意匠設計
をイメージする人が多い

デザインには、設計や図案作成などの意味もあります。土木の場合、デザインには構造物自体の設計（構造設計）が主となりますが、構造物を構成する材料の設計（材料設計）、構造物が完成した時の周囲の風景との融合性などを検討する景観設計などさまざまなデザイン（設計）があります。

デザインといっても
幅広くて、その能力となると
さらに広がっているのだ

30 土木の設計は自然が相手！

災害リスクの最小限化が設計のカギ

土木が対象とするものには、自然がもたらす災害から人々の生命を守り、安心・安全な生活を送れるようにするための構造物が多くあります。ダム、堤防、防波堤、防潮堤などはその代表的なものです。では、それらの構造物を設計する場合、どのように行うのかというと、これまで起こった災害による被害を基に、今後それらが起こっても被害を最小限に抑えるように設計されます。新設の構造物を設計する場合、過去に起こった以上の災害が生じる可能性があると想定して設計されるのですが、ではどれくらい余裕を持たせればよいのかというのはなかなか難しいのです。例えば堤防の高さはどのようにして決めるのかというと、河川の重要度によって異なりますが、最重要河川ですと200年に1回起こる大雨の確率を基にそれが起こっても堤防を越えないように設計します。もう少し小規模な河川ですと100年降雨確率によって設計されます。しかしながら、近年の異常気象によって河川の氾濫や堤防の決壊がいろいろなところで起こっています。つまり、これまで想定していた設計法では対処できていないということになります。さらに、発生確率の小さい（数百年に一度起こる確率）もので堤防の高さや規模を決める（設計する）必要があります。ただし、その確率の設定によっては建設費用が莫大になってしまう可能性があります。また、どんなに発生確率を小さく設定しても発生する可能性はなくならないのです。

これは、地震に対する設計でも同じようなことがいえます。いつ、どこで、どの程度の規模で発生するかわからないので、想定（予想）される地震に耐えうる構造設計を行うことになります。それでも被害を皆無にすることはできないのです。自然を相手にする以上、設定条件を超える可能性があり、設計はいかにそれらを想定し、適切な費用でそれらに耐えるものにするのかにあるといえます。

要点BOX
- 人々が安心・安全な生活を送れるような設計
- 設計は将来の事象をいかに設定するかが重要
- 設計では適切な費用を考えることも大事

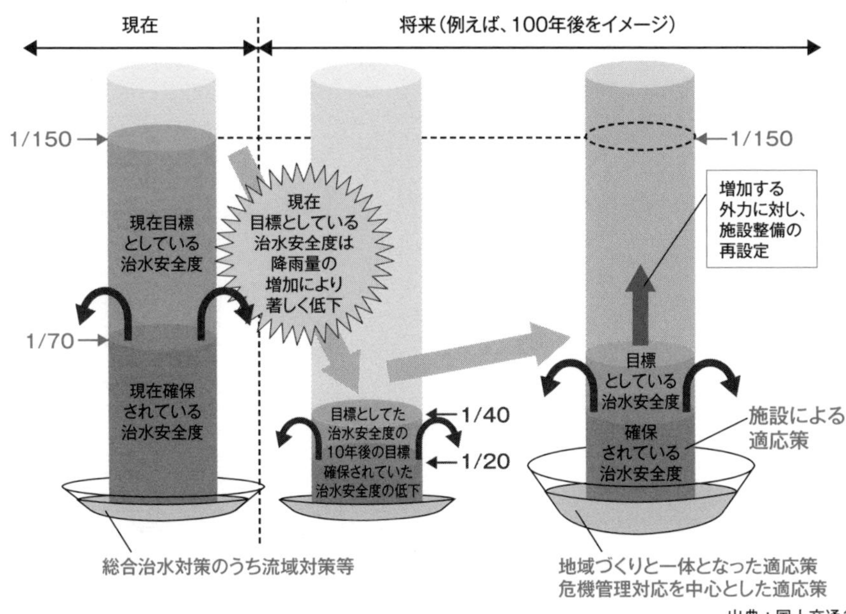

出典：国土交通省

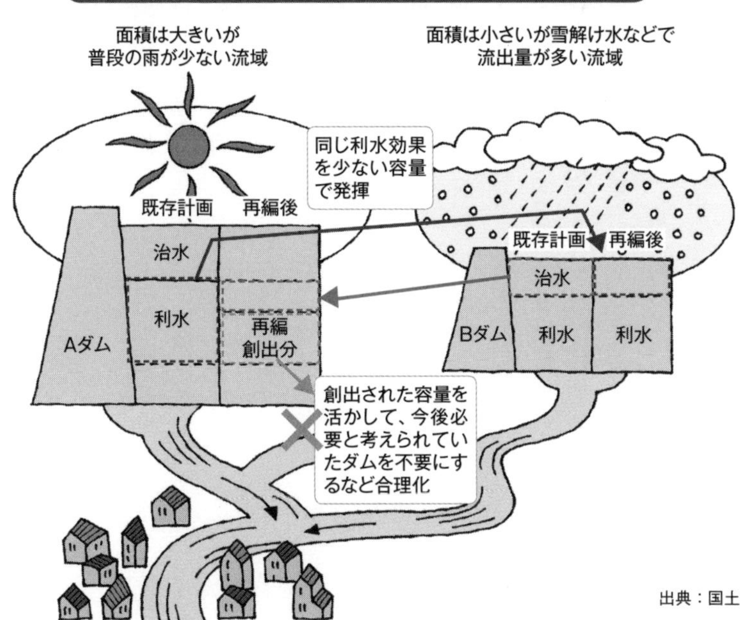

出典：国土交通省

31 設計は何をするのか？

計画をいかに具現化するかが設計のカギ

設計の主な仕事は、イメージ（計画）したものをいかに具現化するのかにあります。発注者（企業者）が要求した性能（品質）を満足できるようにしたものをデザインすることともいえます。土木構造物の場合、電気製品のようにお店で売っているものではありませんので、顧客（発注者）の要求する内容（設計条件）をゼロから組み上げていかなければなりません。また、建設する場所、用途によって構造物の規模や形状が異なってきます。したがって、土木構造物は全て一品ものになるので、設計自体もその都度行わなければなりません（類似する構造物がある場合は、参考にすることはできます）。

例えば、ある場所に道路橋の建設を計画したとします。架橋場所はすでに決まっており、計画時での事前調査（架橋場所の地質調査、環境調査、1日当たりの交通量など）はすでに終了しているとします。国が管轄する道路であれば、設計する際道路法、道路構造令、道路構造令施行規則などの法律や基準に準拠しなければなりません。次に、その橋にどんな荷重（橋にいろいろ作用する力）が作用するのか、どんな材料を使用してどんな形式にするか定めることになります。作用する荷重や使用材料によって橋の架橋形式やスパン長などが異なってきます。荷重には、死荷重（橋自体の重さ）や活荷重（通過する車（輪荷重というもので検討します）や人の重さ）などの主荷重と風、地震、温度変化（日射や日変化、月別変化、年変化など）などの従荷重、繰返しの荷重による疲労荷重など橋に生じるさまざまな荷重（設計条件）を計算しなければなりません。それらの計算結果を基に橋の形状（例えば橋脚の幅や長さなど）や形式を決めていきます。これらをまとめたものが設計計算書となります。この設計計算書を基に設計図面を作成していくことになります。これらをまとめたもの（成果品）が設計図書になります。

- ●設計は発注者の要求品質を具現化するもの
- ●土木構造物は一品もの、設計もその都度行う
- ●構造物にいろいろ作用する力に耐えるように設計

主要な設計の流れ

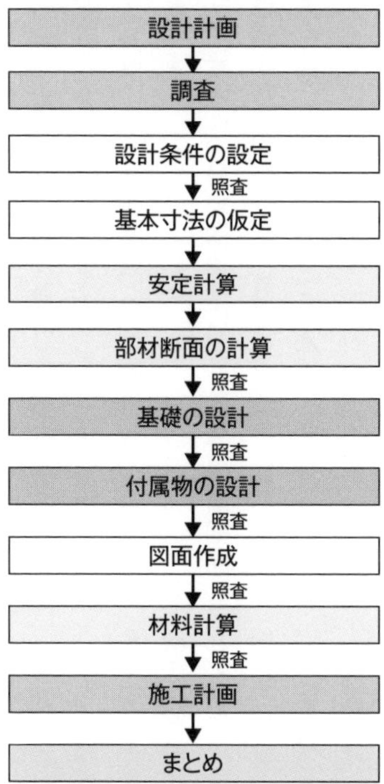

橋梁の形を決める流れ

② どんな荷重がかかる?

32 土木のさまざまな設計

土木の設計と一口でいってもいろいろある

土木構造物の設計というと、構造設計や耐震設計などを思い浮かべますが、そのほかにも疲労設計、材料設計、景観設計、耐久設計、地盤(基礎)設計、環境設計などいろいろあります。また、構造物別では橋梁設計、トンネル設計、道路設計、ダム設計などがあります。

設計の基本は、対象構造物における設計供用期間中(構造物がその機能を保有できる期間)において想定した作用に対し、次の5つを満足できるようにすることです。

・耐久性：気象作用、化学的浸食作用、物理的摩耗作用その他の劣化作用に抵抗し、構造物に要求される性能を長期間に渡って発揮する性能
・安全性：人命の安全性などを確保する性能
・使用性：構造物の機能を適切に確保する性能
・復旧性：適用可能な技術でかつ妥当な経費および期間の範囲で復旧を行うことで継続的な使用を可能とする性能
・環境性：地球環境、地域環境、作業環境および景観などの社会環境に対して適合する性能

また、地震国である日本では耐震設計が重要といえます。それでも阪神・淡路大震災では多くの土木構造物が倒壊し、耐震設計法の大幅な見直しが行われました。自然現象を対象としている土木構造物の場合、設計の基本である安全性能を確保することがいかに重要であるかを示すものといえます。

最近では、構造物の構築のための設計だけでなく、ライフサイクル(構造物の計画、設計、施工、維持管理、撤去、更新(建替え))を考慮した耐久設計が行われるようになりました。また、機能第一であったこれまでの土木構造物に対して、土木構造物と周辺の景観との調和や環境への配慮および共生、積極的な関係を演出することを目的とした景観設計や環境設計なども重視されるようになってきました。

要点BOX
●耐久性、安全性、使用性、復旧性、環境性が基本
●日本では耐震設計が重要である
●耐久設計、景観設計、環境設計が重視される

設計の種類とその概要

設計種類	設計の概要
構造設計	対象構造物において想定した作用（自重や作用する力（車などが走行する際にかかる力、地震や風等））に対して、その構造物に求められる要求性能（安全性･機能性･経済性等）を満たすように構造形式及び構造詳細（形状･寸法･配筋など）を設定する行為
耐震設計	対象構造物に対して、必要とされる耐震性能を確保するように機能･構造を設定するもので、供用期間中に発生する確率が高い地震動に対して健全性を損なうことなく、致命的な被害を防ぐもしくは限定された被害にとどめるように設定する行為
材料設計	対象構造物の要求性能を満足する材料の選定（材料の種類や規格等）や組み合わせ、コンクリートの配合条件の設定、配合設計などの行為
疲労設計	対象構造物において、想定される繰り返し荷重（例えば、橋の上を列車が通過するときに橋に架かる力とその回数）に対して、設計供用期間中に疲労による破壊を生じないように構造形式、使用材料などを設定する行為
耐久設計	対象構造物において、設計耐用期間中（設計時において、構造物または部材が、その目的とする機能を十分果たさなければならないと規定した期間）に所要の性能を確保するために、材料劣化や変状を生じないようにするか、もしくは材料劣化が生じたとしても構造物の性能の低下を生じさせないように設定する行為
景観設計	対象構造物の建設場所や景観構造、周辺環境、地形、地域特性等の設計条件を十分考慮して土木構造物と周辺の景観との調和や関係を演出する行為
環境設計	対象構造物のライフサイクル全体での環境負荷を削減することを目的として、省エネルギー化、省資源化、コストの低減化等を行う行為
地盤（基礎）設計	対象構造物において、地盤条件（地震時における液状化なども考慮）、上部構造の特性、環境条件及び施工条件を考慮し、その種類（直接基礎、杭基礎など）を選定するとともに、基礎に作用する鉛直力及び水平力に対して十分な安全性（許容支持力及び滑動に対する安全性）を確保できるように設定する行為

33 概略設計と詳細設計

構造物のコンセプトとディテールを決める

構造物を造ろうとする場合、いきなり「橋長が100mで幅員が30mの4車線の道路橋をPCコンクリート造の斜張橋で造ります」というようにはいきません。構造物の建設に際しては、構造物の基本計画を基にした概略設計（基本設計）と詳細設計（実施設計）を行います。

概略設計（基本設計）では、発注者（国や地方自治体、民間であれば鉄道会社、道路会社、電力会社などの事業者）の要求事項に対して構造物の仕様を決めるための設計を行います。設計に際しては、建設しようとする場所の地形図、地質資料、現地調査資料、設計条件などを基に、目的とする構造物の構造形式などを複数提案して、工期や費用なども含めた比較を行い、その中で最適案を選定していきます。対象構造物については、技術的（極端な言い方をすれば、建設できるかどうか）、社会的、経済的な側面からの評価検討を行い、平面図、断面図、構造一般図などの図面関係書類、概略数量計算書、概算工事費などの設計図書を作成していきます。

詳細設計（実施設計）では、基本設計を基に実際の構造物の建設に必要な平面図、縦横断面図、構造物などの設計図、設計計算書、工種別数量計算書、施工計画書などを作成していきます。さらに、工事が発注された後は、施工会社でさらに詳細な設計図や型枠や足場などの仮設の設計、数量計算などを行っていきます。また、工事を進めていく段階で、例えば当初想定していた地盤の状態（地質区分など）が実際に掘削してみると異なっていて、当初設計での施工が困難である、もしくは補強などの追加工事が必要となった場合、変更のための実施設計（設計変更）を行う必要があります。

設計は、単なる構造物を組み立てるだけの説明書ではなく、発注者、設計者、施工者の三者の共通認識を持つためのツールともいえます。

要点BOX
- ●要求事項の構造物の仕様を決める基本設計
- ●基本設計を基に実際の工事に必要な設計図書を作成する詳細設計

概略設計から始める

地質調査や現地調査を行って基本設計の資料とする

設計図書の作成

詳細設計では
平面図、縦横断面図、
構造物の設計…などなど、
たくさんの書類を
作成するのだ

34 土木設計を学ぶために必要な科目は？

設計の基本は力学とCAD

土木構造物の設計では、構造計算および設計が主となりますので、土木の三力（構造力学、土質力学、水理学）は必須といえます。また、現代の構造物のほとんどが鋼材とコンクリートでできていますので、コンクリート工学や鋼構造工学も必要となってきます。コンクリートの場合であれば、設計に際してコンクリート材料、鉄筋コンクリート構造（断面設計など）、コンクリートの耐久性などの知識が必要となってきます。また、地震国の日本では設計に際して耐震工学も重要な科目の一つといえます。

設計図の作成などには図学やCAD（Computer Aided Design）による図学演習の科目も必要です。CADは、コンピュータ支援設計といわれており、コンピュータを用いた設計もしくは設計支援ツールのことを指します。製図作業は、これまで製図版などを用いて行われていましたが、それをパソコンの画面上で行うものです。操作方法を学ぶ必要がありますが、図面を作成してしまえばその後の編集作業が非常に容易に行えることや、データが電子化されているので、図面の拡大縮小が簡単にできます。これまでの紙媒体の場合、膨大な図面を運搬したり保管する場所を確保したりする必要がなくなり、大事な設計図書が廃棄されるということもなくなります。

現在の公共工事では、多くがこのCADで作成された図面となっており、2次元（従来の設計図面）だけでなく3次元CAD（躯体や土量計算も行える）を利用している工事もあります。現場で図面の束を抱えての打合せではなく、タブレット片手での打合せをしているところも多くなっています。大学などでもこのCADを利用した講義が増えています。

このほか、耐久設計や環境設計ではコンクリートや鋼材の劣化予測などを基にした寿命設計を行う必要があり、そのためには化学や生物学などの知識が必要となってきます。

●構造計算には三力が必須！
●図面作成はCADで！

設計に必須といえるCAD

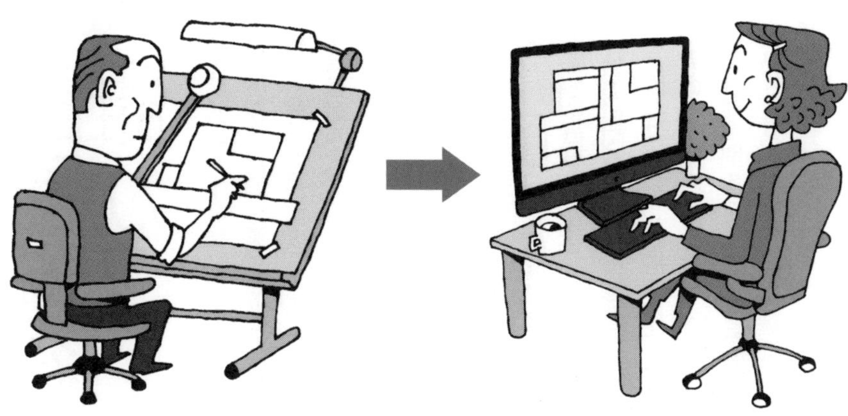

設計図面も手書きからCADを使った電子図面へ

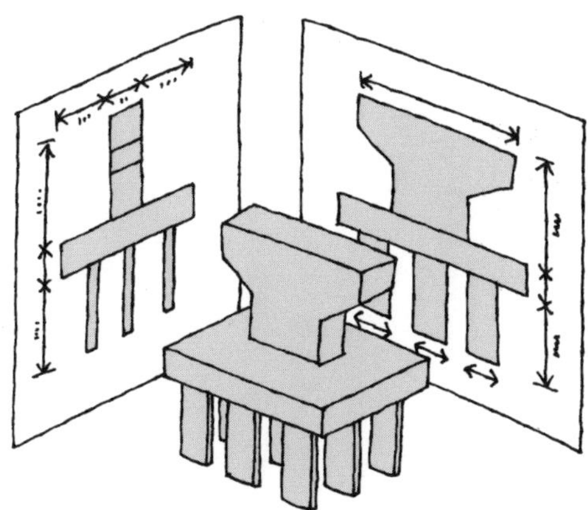

3次元CAD

さまざまでやっかいな
計算もコンピューターの
利用で楽になった

35 設計を行うのは誰か？

設計コンサルタントは調査・設計のプロ集団

土木構造物の建設の基本計画（コンセプト）は、発注者（国、地方自治体、民間企業者など）が行います。この基本計画は、発注者単独で行う場合もありますが、多くの場合建設コンサルタントが業務支援（サポート）をしているのです。土木構造物の多くは社会資本整備であり、戦前までは国（官庁）が企画・計画から設計、施工までいわゆる直轄工事として行ってきました。したがって、設計は戦前まで内務省などの国が行ってきたことになります。戦後、復興事業の根幹である社会基盤整備を国だけで全て賄うことができず、設計、施工に関しては民間に委託されるようになります。しかしながら、設計・施工一貫での発注において、いろいろな問題が発生し、今から60年前に設計・施工の分離に関する通達が建設省から出されました。これにより、調査・計画・設計を主に行う建設コンサルタント会社と主に施工を行う建設会社に分かれていきました。

では、調査・計画・設計を行う建設コンサルタントは実際にどのような業務を行うのでしょうか。建設コンサルタント協会によると、「国や地域、都市などの整備事業における計画段階での調査、事業評価や社会的合意形成などのプロジェクト業務支援、事業者の発注に関わる支援業務、構造物の調査、点検や補修・補強の設計など維持管理業務、防災などのリスクマネジメント、公共施設の資産管理などです」というものです。

一方、主に施工を行う建設会社においても多くのところで設計部門を有しています。設計業務としては、発注した案件の概略設計を基に実際の工事に用いるための詳細設計を行ったり、これまで設計・施工分離であったものが、一部でデザインビルド（設計施工一貫）での発注が行われるようになり、受注のための設計を行ったり、会社独自の技術開発のための設計を行ったりします。

要点BOX

- ●戦前は、設計業務を国が行っていた
- ●戦後、原則として設計・施工が分離される
- ●建設会社にも設計部門がある

戦前戦後の役割の違い

〈戦前〉

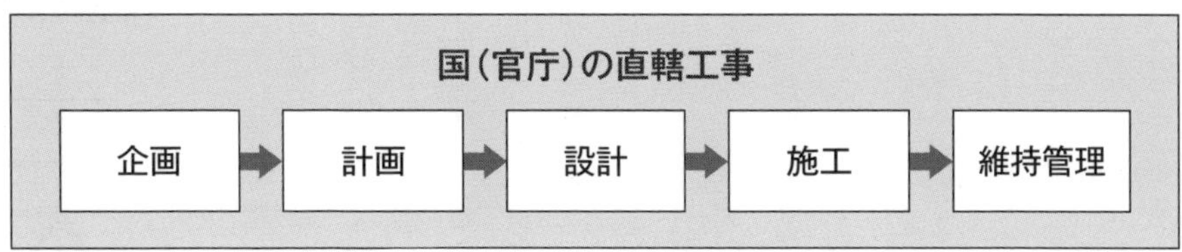

〈戦後〉

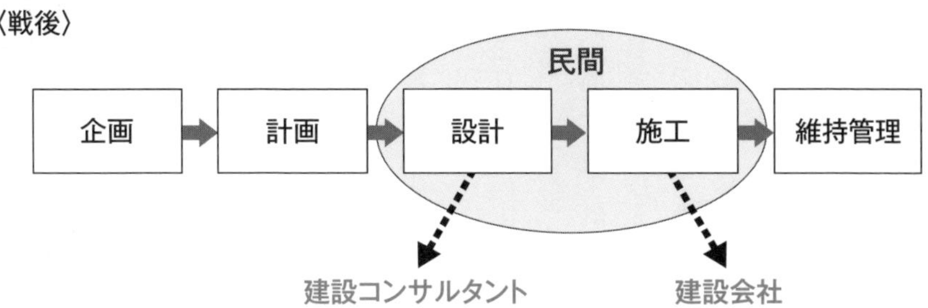

建設コンサルタントの業務内容（例）

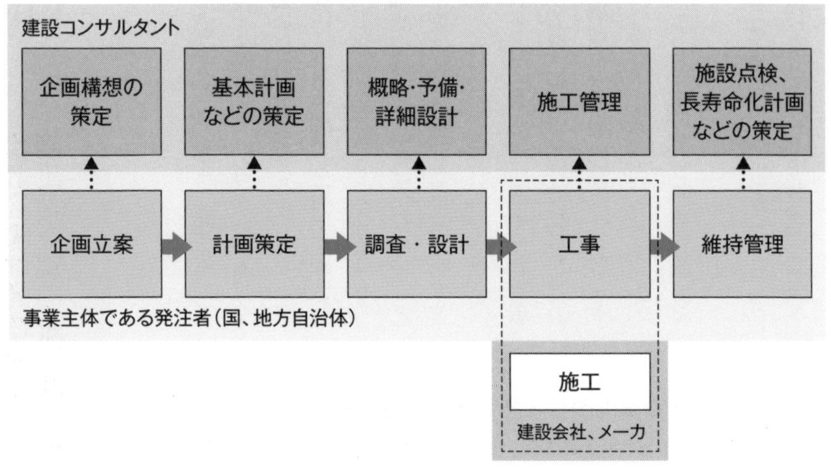

出典：（株）建設技術研究所

36 土木設計の成果品

設計図書は発注者・コンサル・施工者を繋ぐ重要な共有品

設計業務の成果品は、設計図書としてまとめられます。設計図書は、工事を実施するために必要なもので、設計図面・設計計算書および仕様書・現場説明事項書などがあり、工事に関わる形状・寸法、仕様が示されるほか、見積資料、工事の契約資料・契約図書などが含まれます。

設計図面は、対象構造物の寸法および設計・施工条件を明示したものです。設計図面には、原設計図、参考図などがあります。また、設計図面には施工計画に関係する図面などもあります。参考図は、例えば発注者が積算の考え方を明示したもので、施工者が工事価格算定のための数量計算や施工などの参考にするものです。このほか、変更設計図というものもあります。施工者から原設計図の条件と実際の条件が異なっていて原設計どおりに施工することが不適切な場合や現場の状況から判断して追加の設計などが必要となった場合に、発注者が設計変更を行うために作成する図面のことです。さらに、施工者が実際の施工に際して作成する施工図というものがあります。これは、設計図書には含まれません。

仕様書は、図面以外に工事に関わる事項が示されたもので、共通仕様書、特記仕様書などがあります。共通仕様書は、国（国土交通省）や地方自治体などの工事で、施工法、検査方法などの工事を実施するうえで共通する事項などについて示したものです。特記仕様書は、対象とする工事だけに適用される事項を記載したもので、工事に関わる設計数量などの数量表や現場説明事項などとともに提示されます。通常は、共通仕様書に準じて業務が行われますが、その工事特有の事項に関しては特記仕様書に準じて行うことになります。

設計図書は、発注者（事業者）、設計者（コンサルタント）、施工者（建設会社など）にとって共通の認識を持つための重要な成果品といえます。

要点BOX
- ●設計図書は設計図面・設計計算書、仕様書など
- ●図面には現設計図、参考図、設計変更図、施工図
- ●仕様書には共通仕様書と特記仕様書

設計図面作成の流れ

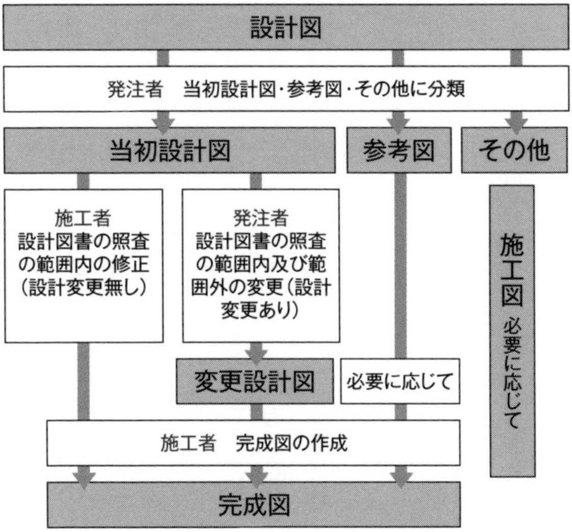

主な設計図面の分類（例）

図面の種類	発注者	設計者	施工者
原設計図	位置図	位置図	
	平面図	平面図	
	縦断面図	縦断面図	
	標準横断図	標準横断図	
	横断面図	横断面図	
	一般図	一般図	
	構造図（配筋図含む）	構造図（配筋図含む）	
	指定仮設図	鉄筋加工図	
		鉄筋表	
		線形図（座標図）	
		用排水系統図（必要に応じて）	
		仮設図	
		施工要領図	
		数量計算目的の展開図	
		その他	
参考図	鉄筋加工図		
	鉄筋表		
	線形図（座標図）		
	用排水系統図（必要に応じて）		
	任意仮設図		
	施工要領図		
	数量計算目的の展開図		
	その他		
施工図			施工要領図
			土工図
			仮設計画図
			仮設設備配置計画図
			交通規制図
			その他

37 設計者が施工者を管理？

設計コンサルタントが現場での施工管理を行う

設計業務を担うコンサルタント会社は、構造物の設計を行うことで、いわば事業者（発注者）と施工者（建設会社）の橋渡しをしているといえます。事業者から提示される要求を設計というツールを使って構造物に対して具体的に落とし込む作業を行うとともに、施工者からの設計の根拠の説明や施工の可否と設計変更に対する対応などを行います。また、実際の施工に際して施工の管理業務を事業者から委託されて行うことがあります。確かにその構造物を設計した人が実際の施工に立ち会っていれば、工事でのいろいろな課題に対して迅速に対応ができます。公共工事などでは、建設コンサルタントから事業者の工事事務所などに出向で入る場合があります。具体的な業務としては、品質や工程の管理、安全管理や出来高検査などの事業者の補助や支援などです。

一方、アメリカでは事業者が基本的に工事の品質保証を行っており、施工者は品質管理を行うことから、両者には工事に対する監督および検査の考え方が異なっています。そのため、基本的には現場に事業者の職員（インスペクター）が常駐しています。また、アメリカにはプロジェクト実施方法のひとつであるCM（コンストラクションマネジメント）方式というのがあります。これは、工事でのマネジメントを専門に行うコンストラクションマネジャーがいて、事業者と一体となってプロジェクトの全般を運営管理するものです。コンプライアンスや情報公開などの認識が社会的通念となりつつある現代においては、建設工事においてもより透明性が求められており、そのようなニーズに沿った方式といえます。

CM方式では、設計者や施工者という工事に利害関係を持つ人がプロジェクトをマネジメントするのではなく、第三者性を持つ専門職が行うのです。日本でも最近このCM方式を取り入れた工事（プロジェクト）が行われるようになってきています。

要点BOX

- ●コンサルタントは発注者と施工者との橋渡し役
- ●コンサルタントが発注者の施工管理を支援
- ●アメリカでの第三者による工事運営

施工管理の位置づけ

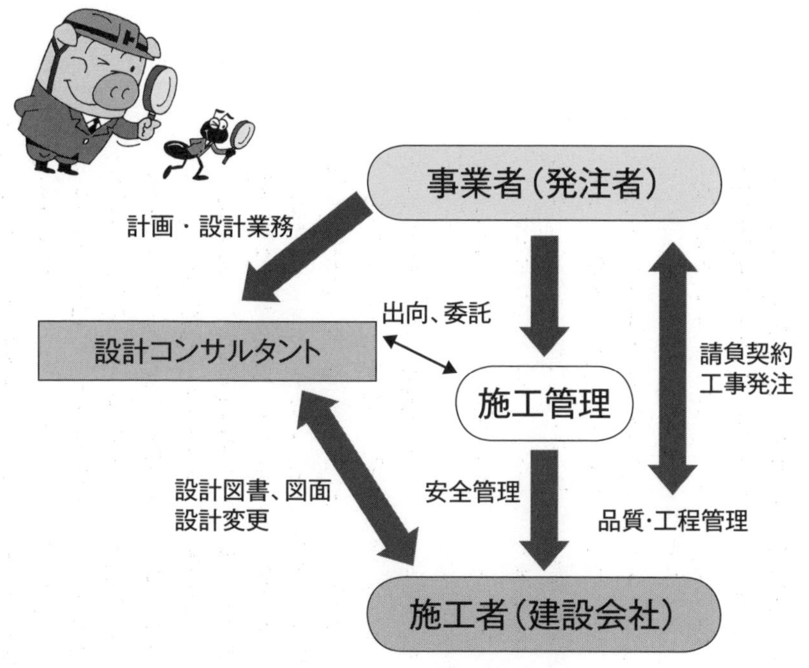

発注者、CMと施工者との関係

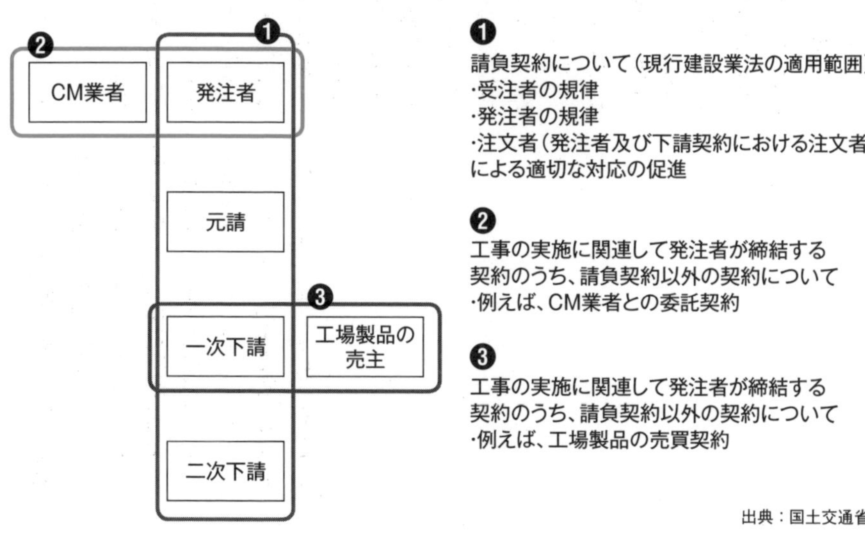

❶
請負契約について（現行建設業法の適用範囲）
・受注者の規律
・発注者の規律
・注文者（発注者及び下請契約における注文者）による適切な対応の促進

❷
工事の実施に関連して発注者が締結する契約のうち、請負契約以外の契約について
・例えば、CM業者との委託契約

❸
工事の実施に関連して発注者が締結する契約のうち、請負契約以外の契約について
・例えば、工場製品の売買契約

出典：国土交通省

Column

土木に多大な影響を与えた人たち
アレクサンドル・ギュスターヴ・エッフェル

パリのシンボルのひとつであるエッフェル塔は、アレクサンドル・ギュスターヴ・エッフェル（Alexandre Gustave Eiffel、1832年～1923年）がパリ万国博覧会のモニュメントとして設計したものです。エッフェル塔は、鋼構造建造物として130年以上経過した現在でもパリのシャン・ド・マルス公園に建っています。ただし、彼はエッフェル塔だけでなく、数多くの鋼構造物の設計や施工に携わっています。

エッフェルは、フランスのディジョン生まれのドイツ系アルザス人です。彼は、後にパリのエコール・デ・サントラル（中央工芸学校）の化学科に入学し、1年間で技師免状を取得しています。彼が26歳の時に、鉄道関係の会社に入社し、そこで鉄道関連の土木技術を修得しています。28歳の時には、橋長500mの鋼橋工事の監督を務めています。

その後独立して、エッフェル社を創業しています。エッフェル社は、鋼構造建造物の設計・施工を得意として、駅舎ホールや鉄道高架橋、可動橋、天文台などの設計・施工を行っています。仕事は、フランスだけに留まらず、ヨーロッパや東南アジアで行っていたそうです。彼の有名な鋼構造物としては、ポルトガルのポルト（ポルトの街自体が世界遺産）の街の中央を流れるドウロ川に架かるマリア・ピア橋があります。マリア・ピア橋は、橋長353m、中央アーチ部のスパンが160m、高さが37・5mあります。エッフェルが手掛けた構造物の多くは、機能性だけでなくモニュメントとしての芸術性も備わっています。また、彼はオルレアン鉄道の工事にもいくつか関わり、ガラビ（Garabit）橋やパリ地下鉄のリヨン駅などの設計を行っています。ガラビ高架橋は、中央アーチ部が165mあり、後に映画〝カサンドラクロス〟の最後に登場しています。

このように、エッフェルは土木構造物、とりわけ鋼構造物の設計、施工に関わった土木技術者といえます。

第5章

土木工事

38 土木の仕事はお天道様次第

土方殺すにゃ刃物はいらぬ、雨の三日も降ればよい

建設業に関わっていると、多くの人が一度は聞いたことがある言葉に「土方殺すにゃ刃物はいらぬ、雨の三日も降ればよい」があります。

土木工事の多くは屋外作業ですので、いつの時代でも雨は土木工事の天敵といえます。多少の雨であれば工事を行いますが、ではどれくらいの雨が降ったら工事を中止するかというと、例えば土木学会コンクリート標準示方書のダム編では、1時間当たり4㎜以上の場合にはコンクリートの打込みを中止すべきであるとしています。

ダム工事ではありませんが、橋の橋脚工事で降雨量が5㎜／時間が続いていたにもかかわらずコンクリートの打込みを行っていて、監督官がそれを発見し、作業中止をさせてコンクリートを打ち込んでいた箇所からコア（コアドリルマシンという機械を使ってコンクリートを抜き取ったもの）を採取して強度試験（コンクリートの強さを調べる試験）を行ったところ、設計に必要な強度を大きく下回ったため、その橋脚の取り壊しをさせたという事例があります。ダムの現場でも、コンクリート打込み中に急な雷雨があって、ただちに打込みを中止し、シートで覆ったものの、現場の監督官からの指示で雨に当たった部分の斫り出し（コンクリートを削り取る）を行ったという事例もあります。

急な雨であってもコンクリートの打込みを続けられるように、滝沢ダム建設工事ではコンクリート打込み箇所を覆う巨大テントを用いました。また、土木工事の場合、山間部の現場が多く天候の急変を予測することはこれまで難しかったのですが、最近では1㎞四方の60分先までの天気の変化が予測できるシステムが開発されています。

いつも空を見上げてお天道様の様子を伺いながらの土木工事だったのですが、現在ではいち早く雨の予測ができ、たとえ急な雨でも作業が継続できるようになってきているのです。

要点BOX

- ●土木工事にとって雨は天敵
- ●雨にも負けない大型テントを使ったダム工事
- ●狭い範囲も降雨予測できるシステム

ダムのコンクリート打込み場所での大型テントの使用（滝沢ダム）

出典：独立行政法人水資源機構荒川ダム総合管理所の資料をもとに作成

高解像度降水ナウキャストの解析値と予測値

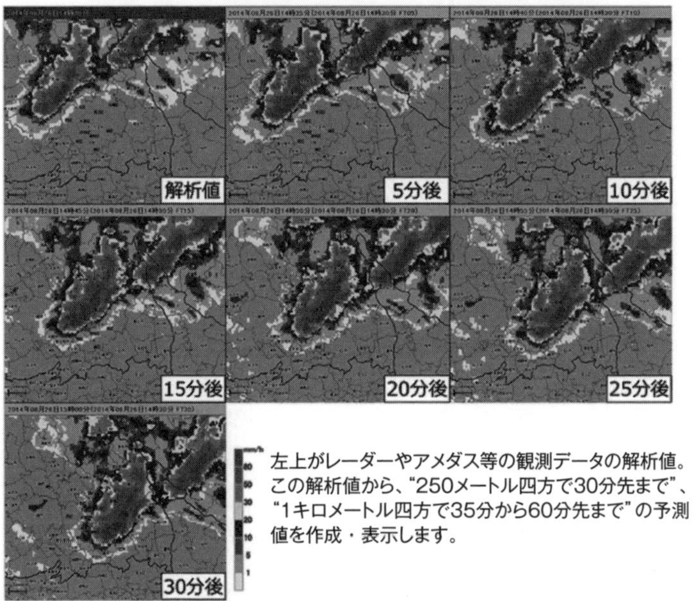

左上がレーダーやアメダス等の観測データの解析値。この解析値から、“250メートル四方で30分先まで”、“1キロメートル四方で35分から60分先まで”の予測値を作成・表示します。

降雨予想も高い精度で行われるようになっている

出典：気象庁

39 土木工事の受発注

工事の入札方式も大きく様変わり

土木構造物の場合、工事規模、金額とも大きいため、受注の如何によって施工会社の業績に大きく影響することから、入札に関わる談合や不正が問題となってきました。国や地方自治体では、これらの問題を是正するために工事の受注方法を変更し、現在では多様な入札契約方法で工事の受注が行われるようになっています。国土交通省では、2015年に入札・契約に関するガイドラインを出しています。

国や地方自治体の工事における発注形式は、工事の施工のみの発注方法、対象構造物に対して発注者が求める機能・性能および施工上の制約などを契約の条件として提示したうえで構造物の構造形式や主要諸元も含めた設計を施工と一括して発注する設計・施工一括発注方式、予備設計などを通じて確定した種々の条件において詳細設計を実施するうえでの条件を提示し、構造物の構造形式や主要諸元、構造一般図などを確定するとともに、施工のために必要な詳細設計（仮設を含む）を施工と一括して発注する詳細設計付工事発注方式、設計業務に対する技術協力（別途契約）を通じて、対象構造物の施工法や仕様などを明確にし、確定した仕様で技術協力を実施した者と施工に関する契約を締結する方式などがあります。

入札方法自体は、これまでのように多くが一般競争入札や随意契約方式で行われています。工事によっては指名競争入札で行われています。一方、受注方法（落札者の選定方法）は発注者が示す仕様に対して価格のみを提出し施工者を決定する価格競争方式、技術提案を前提条件として工事価格および性能などを総合的に評価して決定する総合評価方式、技術提案を前提条件として最も優れた提案を行った業者を優先交渉権者として決定する技術提案・交渉方式などがあります。また、受注後の工事費の支払い方法として総価契約方式などがあります。

要点BOX

- ●工事の発注方式も多様化
- ●工事の受注には技術力も問う総合評価方式が主流

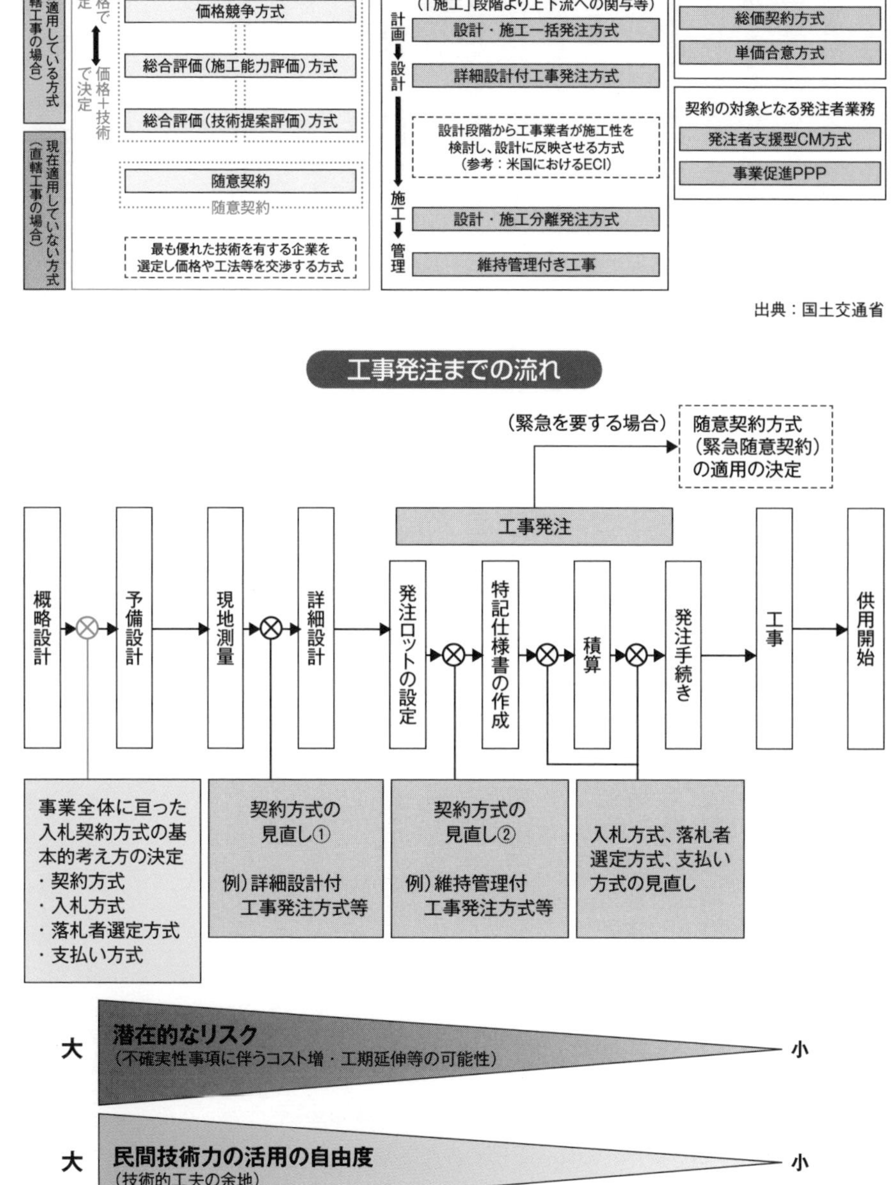
多様な入札方式
入札方式
契約方式
現在適用している方式（直轄工事の場合）
現在適用していない方式（直轄工事の場合）
価格で決定
価格＋技術で決定
一般競争
指名競争
価格競争方式
総合評価（施工能力評価）方式
総合評価（技術提案評価）方式
随意契約
随意契約
最も優れた技術を有する企業を選定し価格や工法等を交渉する方式
契約の対象となる事業プロセス段階（「施工」段階より上下流への関与等）
計画
設計
施工
管理
設計・施工一括発注方式
詳細設計付工事発注方式
設計段階から工事業者が施工性を検討し、設計に反映させる方式（参考：米国におけるECI）
設計・施工分離発注方式
維持管理付き工事
支払額の決定方法
総価契約方式
単価合意方式
契約の対象となる発注者業務
発注者支援型CM方式
事業促進PPP
出典：国土交通省
工事発注までの流れ
（緊急を要する場合）
随意契約方式（緊急随意契約）の適用の決定
工事発注
概略設計
予備設計
現地測量
詳細設計
発注ロットの設定
特記仕様書の作成
積算
発注手続き
工事
供用開始
事業全体に亘った入札契約方式の基本的考え方の決定
・契約方式
・入札方式
・落札者選定方式
・支払い方式
契約方式の見直し①
例）詳細設計付工事発注方式等
契約方式の見直し②
例）維持管理付工事発注方式等
入札方式、落札者選定方式、支払い方式の見直し
大
潜在的なリスク
（不確実性事項に伴うコスト増・工期延伸等の可能性）
小
大
民間技術力の活用の自由度
（技術的工夫の余地）
小
出典：国土交通省

40 工事場所の調査

工事を受注してもすぐに工事は始められない

施工者が工事を受注して無事契約が終わったからといって、すぐに現地に行って工事を始められるわけではありません。もちろん、受注前に現地の下見などは行っていると思いますが、受注後でなければ事務所をどこに設けるのかなどは決めることができません。また、建設現場が山の中であれば、現場までのルートや道幅や傾斜などを確認しておく必要があります。場合によっては建設場所まで重機などの建設機材や資材がたどり着けないということもあります。さらに、都市部での工事では建設現場周辺に資材を置く場所がないということもあります。

建設場所までのルートについては、新東名高速道路の河内川橋(仮称)の場合、建設場所がとても急峻で深い谷に架かる橋であり、橋脚を施工するための建設場所までの道がないことから、右岸側についてはその場所まで工事用トンネルを掘り、さらに建設地点には構台(仮設桟橋)を構築して工事を行っています。左岸側は、橋脚建設地点までインクライン(斜面に軌道を造って資材などを揚げる施設)を構築して工事車両や資材など上げるようにしています。ほかにもクレーンなどの重機を運搬するために、それまであった細い山道を拡幅(山を削れない場合には崖に張り出しを設ける)してカーブなどを曲がれるようにするための準備工事を行う場合もあります。クレーンなどはそのまま運べないので、いくつかのパーツに分けて運ぶことになります。

作業場所の確保も工事を実施するうえで重要となります。JR御茶ノ水駅の改良工事では作業場所はもちろん荷卸しや仮置きする場所もなかったので、駅の横の神田川の上に構台を構築して工事を行っています。これらは仮設構造物なので、工事が終われば撤去して元通りにしなければなりません。

このように実際の工事を行うまでの工事(準備工)が非常に重要となってくるのです。

- ●建設場所がどんなところか事前調査が重要
- ●建設場所までのルート確保が重要
- ●荷卸し・仮置き場所の確保が重要

河内川橋（仮称）の完成予想図とインクライン

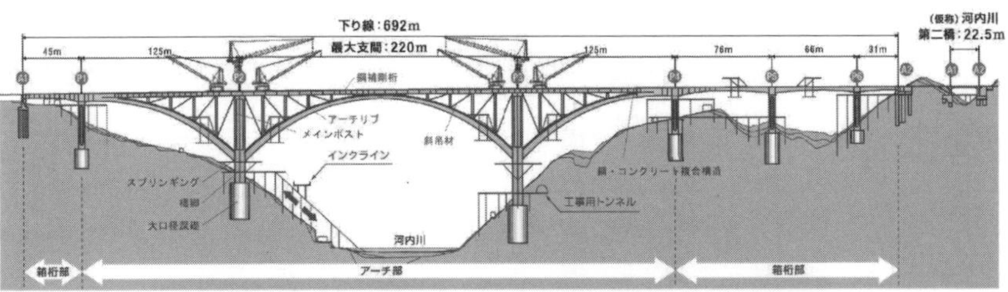

出典：中日本高速道路株式会社

出典：中日本高速道路株式会社

JR御茶ノ水駅改良工事

JR御茶ノ水駅は、昭和7年に建設されたもので、2012年からエスカレータやエレベータ等を設定するバリアフリー工事が行われている。

41 施工計画を立てる

工事内容をしっかり吟味する

実際に工事を行う施工者は、受注した工事内容を十分吟味して施工計画書を作成することになります。施工計画書は、対象構造物の設計図書を基に工期内に要求性能を満足し、効率的に工事を推進し、安全に施工するために重要なものであり、施工者が対象構造物を施工していくうえでの手順や工法などをまとめたものです。施工者は、工事契約書や設計図書などを基に、現場条件を調査するとともに、これまでの施工事例などを参考にしながら施工計画書を作成していくことになります。施工計画書には、当該工事での施工方法、工程、品質管理、使用機械や仮設備計画、安全管理、環境保全などの管理計画などの施工のために必要と思われる項目を示す必要があります。工事は、この施工計画書に基づいて行われることから、実際の工事の設計図書に相当するものです。施工計画書に具体的に記載する項目としては、工事概要(工事の目的、内容、契約条件)、現場条件(地形、気象、環境、制約条件など)、全体工程(基本工程)、施工方法(施工順序、使用機械など)、仮設備の選択および配置などになります。

施工計画書では、担当者が契約した金額、工期を基に必要な人員や施工方法などを検討します。作成された施工計画書については、関係部署(担当役員、管理部門などの長など)を集めての事前の施工検討会が実施される場合があります。営利企業である建設会社の場合、当然利益を出すような計画となっているのかも確認されます。

他方、工事過程で施工計画書の内容に変更が生じた場合、その箇所に対して変更が必要な項目、内容について、事業者に変更計画書を提出して、変更の可否、変更内容の確認を協議する必要があります。また、工事期間中であっても監督職員が指示した事項については、施工者は指示内容を基にした詳細な施工計画書を作成する必要があります。

要点BOX
- ●施工計画書は対象構造物の設計図書を基に作成
- ●施工計画書は実際の工事の設計図書に相当する
- ●施工計画書を基にした施工検討会の実施

施工計画書に記載される内容例

項目	記載内容
工事概要	工事名、工事場所、工期、請負金額、発注者、工事内容、位置図、一般平面図、標準横断図などの設計図書
工程表	計画工程（全体工程）
組織表	現場組織、編成、指示系統、業務分担など
安全管理	管理体制、安全対策、安全教育訓練方法、安全巡視方法、安全活動方針など
使用資材	使用材料、使用材料の試験方法
施工方法	主要工程での作業フロー、施工方法、使用機械、仮設備構造配置、仮設構造物、仮設材、機材置場、機械設備（受電設備、バッチャープラント、骨材製造設備、濁水処理設備など）、運搬路、排水設備および方法、安全にかかわる設備等
施工管理計画	工程管理（実施工での工程手法、管理方法）、品質管理計画、出来高管理計画など
緊急時体制	事故発生時の連絡系統図、災害発生時の体制、防災対策、事故報告など
交通管理	交通管理、交通処理など
環境対策	大気汚染、水質汚濁、振動·騒音対策
現場作業環境	現場作業環境に関する仮設設備、安全対策、営繕対策
再生資源利用及び建設副産物処理方法	再生資源利用及び促進計画、処理委託業者名、マニフェスト、管理体制
その他	労務賃金、下請次数制限など

42 現場事務所を建てる

現場事務所の場所を探すのは大変

工事中の現場事務所は、現場での事務処理、現場職員のデスクワーク、業者や協力会社との打合せ、宿直室、倉庫、トイレなど現場での業務を行うための拠点といえます。ダムなどの大きい現場であれば、所長室、食堂、職員の宿舎、娯楽室なども現場事務所に設置する事務所もあります。現場事務所は、当然現場にできるだけ隣接した場所に準備する必要がありますが、発注者との打合せや協議のために、発注者の現場事務所（出張所）にも近い必要がありますす。そのあたりを勘案して事務所の場所を決める必要があります。そのような場所に敷地があれば現場事務所を建てるのですが、都市部では現場事務所を建てるような敷地がない、もしくは借地（工事が終われば撤去してしまう）代が高くて、貸しビルなどの1フロアに現場事務所を用意する現場もあります。事務所自体も工期などの長さによりますが、プレハブをいくつか組んだようないかにも仮設のものもありますが、永久構造物のようなしっかりした現場事務所まであります。

例えば、広島県の北西部にある温井ダムの建設工事では、施工会社および協力会社の現場事務所として職員、作業員の宿舎（風呂、食堂も含む）も完備した鉄筋コンクリート4階建ての建物（ワークステーションという名称）が建設されました。施工者（建設会社）の事務所だけでなく、協力会社の事務所も建物内にあり、施工者と協力会社のコミュニケーションを図ることを目的としたそうです。確かに、一緒に工事を行う施工者が近くにいれば連絡が取りやすくなります。しかしながら、実際は作業員と職員が風呂も食事も一緒というのは、いろいろ問題があり、その後の工事ではこのような形式の現場事務所は作られていません。もちろん、このワークステーションは、ダム完成後の利用方法も考えられており、地域文化・生涯学習拠点施設として「川・森・文化・交流センター」になっています。

要点BOX
- ●現場と発注者の出張所の両方に近い場所に設置
- ●都市部での事務所探しは大変
- ●現場事務所はしょせん仮設構造物である

温井ダムのワークステーション

出典：温井ダム工事記録

施工者と協力会社の現場事務所。ダム完成後の利用方法も考えて造られた。

典型的な現場事務所

現場事務所は、工事期間中のデスクワークや打合せ、着替え、休憩所、倉庫などを備えた仮設の建物、工事終了後には取り壊すのが一般的。

43 工事の工程

工事に対する工程管理は立場で違う

施工計画書は、工事全体の工程を示したいわば概略工程となります。また、いくつかの工種があれば、その実施期間が示されています。この全体工程ではどの工事段階（工種）が全体の中でクリティカル（その工事段階によって工程全体の遅れに繋がる肝となるもの）になるのかなどがある程度みえてきます。所長をはじめ現場の幹部は概略工程から実施工程を作成していきます（実際の工事での所要日数や予定している人員配置、施工法も含めたもの）。どんな工事でもそうですが、工期（竣工、納期）を遵守することが最重要項目といえます。もし工期が守れず延びれば莫大な違約金を支払うことになります。現場所長の職務としては、工事期間中の無事故無災害で工事を終えることが大事なことですが、工期を守り（できれば工期前に竣工させる）、工事費用をできるだけ抑え利益を出すことだといえます。

工事の工程管理については、それぞれの立場で異なってきます。以前、現場にいた時上司から聞いたことですが、「実際に工事作業をしている作業員は、その日の工程（今日の作業が時間内で終われるかどうか）を考えていて、現場についている職員はその週の工程を考えて、日々作業員に指示している。係長は、複数の職員を抱えているので、月間工程（出来高管理は基本的に月ごとに行っている）を考えながら各職員に仕事の割り振りと進捗状況の確認を行いながら管理している。工事課長は、他の課との調整を行いながら工事全体の進捗状況を見ながら管理していて、年間工程を頭に据えての管理を行っている。所長は、当然工事全体の工程をみているが、次の工事の仕込みも視野に入れながら仕事をしている」といわれました。

同じ工事をしているのですが、実はそれぞれの立場で見えている工事の風景（できあがっていく工事の状況）が違っているのです。

要点BOX
- ●概略工程から実施工程を作成
- ●工期を守ることが重要項目のひとつ
- ●立場によって工事の風景が異なる

立場によって工程管理は異なる

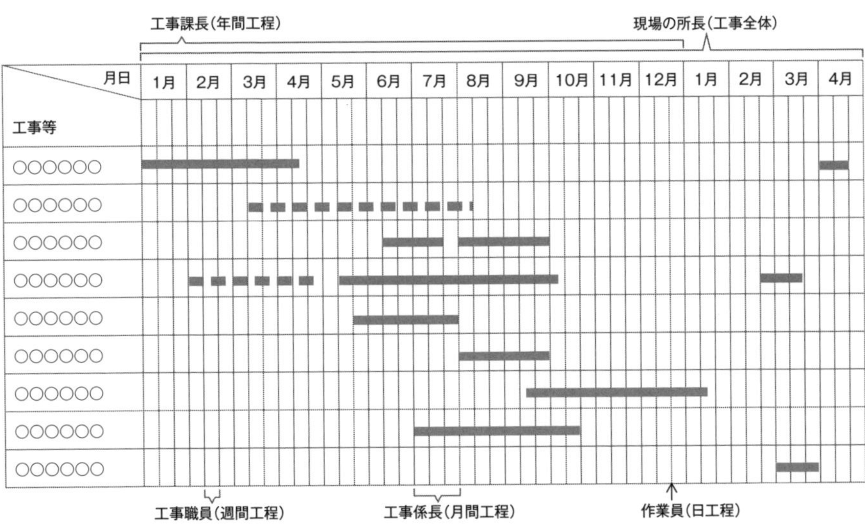

工事の出来高とクリティカルパス

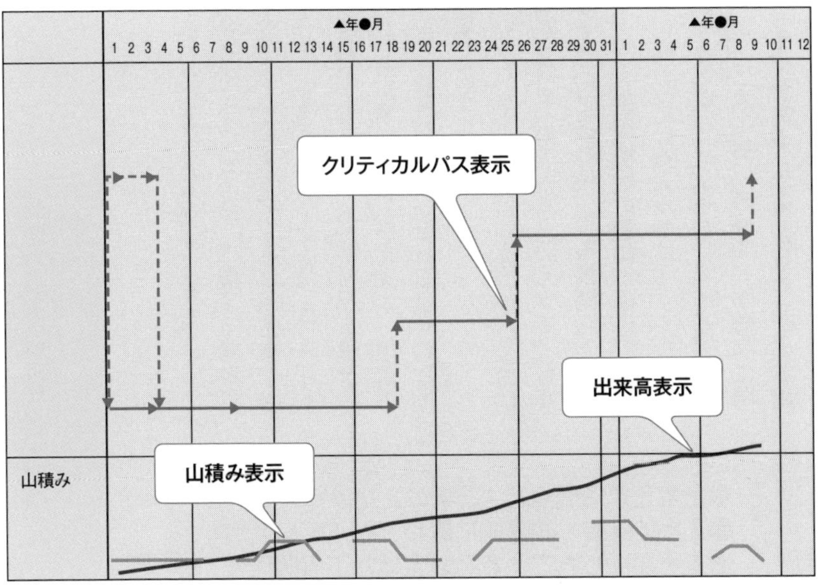

44 土木工事で働く人たち

土木工事にはいろいろな職種の人が働いている

土木工事で働く人たち（工事関係者）といった場合、多くの人たちは実際に作業をする作業員の方々を思い浮かべると思います。

作業員の方たちもいろいろな職種の人がいます。コンクリートの打込みを行ったり、資機材を運んだりするいわゆる土木作業を行う人たち、鉄筋の加工や組立を行う鉄筋工の人たち、型枠の作製などを行う型枠大工の人たち、電気設備関係を扱う電気工の人たち、建設機械の操作や管理などを行う機械工の人たちです。公共工事であれば、監督員（発注者）の方たちも現場での検査など工事に従事しています。もちろん工事を受注した建設会社の社員（現場所長から職員、事務員まで）も工事従事者です。

工事でコンクリートの打込みを行う場合、ポンプ車のオペレータ、トラックアジテータの運転者、品質管理を行うレディーミクストコンクリート工場（生コン工場）の人たち、残土などを運ぶダンプトラックの運転者なども土木工事で働いている人たちです。また、トラックアジテータやダンプトラックなどを誘導する誘導員も工事で働く人たちといえます。さらに、工事に必要な資材を納入しているメーカの人たち、コンクリートの材料である骨材、セメント、混和材料を提供しているメーカや会社も工事関係者といえます。工事で使用するさまざまな機器類を貸し出しているレンタル会社も工事関係者といえます。

こうしてみていくと、土木工事に関係しているのはいろいろな業種から集まった人たちといえます。もう少し広い見方をするのであれば、工事事務所の土地を提供している方や、建設機械の燃料を提供している方たちも工事に関わっている人たちです。

ダム建設が始まると町がひとつできると以前聞いたことがありますが、土木工事に直接的、間接的に関わっている人たちまで含めると工事が行われている地域全体が工事関係者かもしれません。

要点BOX

- ●土木工事で働く人は現場の人だけではない
- ●工事に直接・間接的に関わっている人は大勢
- ●工事が行われている地域全体が工事関係者

工事関係者

土木作業員の人たち

重機のオペレータ

ダンプトラックの運転者

建設機械を操作する人たち

誘導員

現場で働くさまざまな人たち

45 土木工事での施工の流れ

施工は横に広がるか、下に進むかである

土木と建築の工事を比べた場合、建築ではほとんど地上から垂直方向に上に向かって施工していきます。一方、土木では地上から地下に向かって施工するか、道路や堤防のように横に広がりながら（伸びながら）施工していきます。もちろん、ダムのように横への展開もありますが、基本的に下から上方に施工する場合もあります。

工事の手順としては、最初に準備工があります。本体工事を行うために、例えば既設の構造物（都市部では上下水道やガス、電気などのライフライン、ダムでは川の水）が障害となって工事が進められない場合があれば、盛替え（位置を移動したり、一時的に流路を切り替えたりすること）を行います。次に、工事事務所や製作ヤード、ダムでは骨材製造やコンクリート製造設備、運搬設備、給排水設備、受電設備などの仮設構造物の建設を行います。山の中に道路を建設するような場合には、樹木の伐採などがあります。

次に、構造物を構築する場合でも土地の造成などでも工事を行うための測量を行います。また、実際に工事を行う前には地鎮祭を行います。土地の神々の霊を鎮め、工事場所を清め、工事の安全成就を願う儀式です。土木も建築も自然を相手にするわけですから、最先端の技術を駆使する土木工事であってもこの神事は欠かせません。

構造物を構築する場合には、整地後基礎工事が行われます。支持地盤まで基礎を構築するか、杭などによる基礎工事が行われます。掘削が必要な場合は山留や切梁などで地盤の崩落を防ぎます。その後躯体工事を行います。躯体ができあがると付帯設備（道路などでは照明や防音壁の取付けなどが行われます）の工事が行われ、仮設材などの撤去工事が行われます。

土木構造物にはいろいろな種類がありますから、各工事で最も適した施工法、施工手順で効率的に行われていきます。

要点BOX

- ●建築は上へ、土木は下か横へ施工していく
- ●施工の手順は構造物によって異なる
- ●工事の節目に行う神事は重要

土木工事における施工の流れ（橋梁工事の場合）

基礎工事

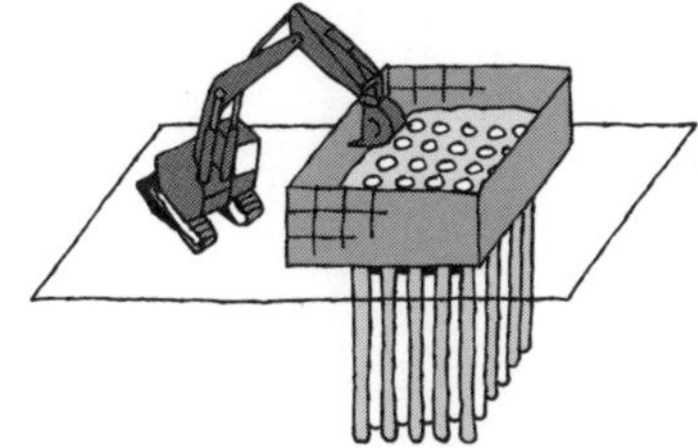

杭の打込みもしくは杭の施工、杭頭処理など

下部工工事

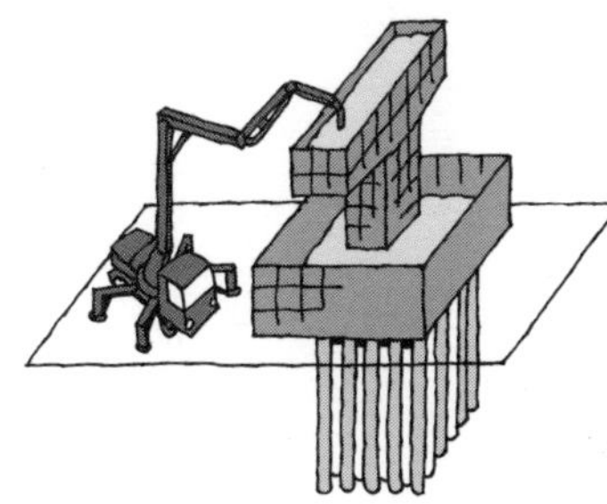

フーチングの施工、橋脚の施工（鉄筋の組み立て、型枠製作、コンクリートの打込みなど）

上部工工事

桁の架設、床版の施工など

橋面工事

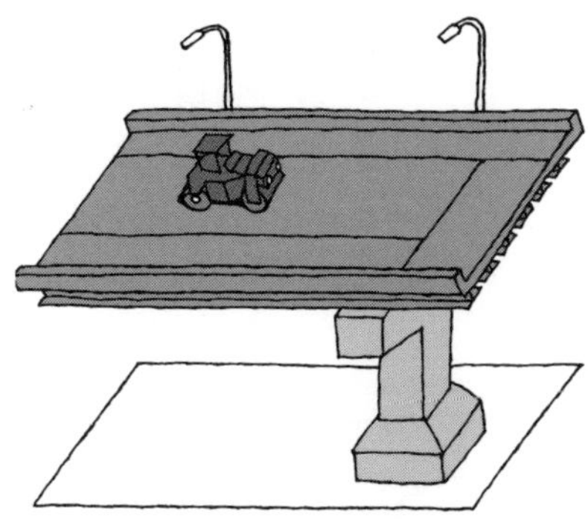

高欄などの施工、橋面工の施工、舗装、照明や標識などの設置

出典：建設産業担い手確保・育成コンソーシアム「建設現場で働くための基礎知識（土木工事編：第一版）」（2019.12）をもとに作成

46 土木工事で使われる機器

土木工事で使用される機械は重機から長靴洗い機までさまざま

土木工事では、実にさまざまな機器類が用いられます。現場で最も目立つのはやはりクレーンではないでしょうか。クレーンは、固定式と移動式に大別されます。固定式は、タワークレーンと呼ばれるもので、建築のように同じ場所で順番に構築していくような構造物には適しています。

土木の場合は、現場自体が広く、吊り上げ範囲が限定される固定式のものよりもクローラクレーン(無限軌道型)やトラッククレーン、ラフタークレーン(装輪型)を用いる場合が多いようです。そのほか、現場内にケーブルを張って大重量を資材運搬するケーブルクレーンなどがあります。建設用重機としては、ブルドーザやバックホウ(パワーショベル)、ダンプトラック、ホイールローダなどがあります。コンクリート打込みでは、トラックアジテータ車やコンクリートポンプ車、コンクリートを締固めるバイブレータなどがあります。削孔には、ボーリングマシンや削岩機、クローラドリルなどがあります。舗装工事では、ロードローラやタイヤローラ、振動ローラ、スプレッダやフィニッシャなどがあります。

土木工事の現場では、水を大量に使用することが多いので、ポンプや高圧洗浄機は必須といえます。また、電気が通っていないところでは、発電機も重要です。舗装工事などでは、夜間での作業も多いことから、照明器具も必要な機材といえます。

現場測量のために、レベルやトランシット、光波測距計などの測量機器類があります。最近では、ドローンを使って点群データを集めて工事の出来高をマッピングすることまで行われるようになっています。細かなところでは現場で汚れた作業靴を洗浄する長靴洗い機まであります。

土木の現場では、何百トンも吊り上げることができる大型機械から、排水のための投げ込み式ポンプまでさまざまな機器が用いられているのです。

●建設資材を吊り上げる各種クレーン
●ブルドーザやダンプトラックなどの建設用重機
●工事には欠かせない測量機器

工事で使用する主だった機器類

機器の種類	機器名
ブルドーザ	ブルドーザ、リッパ付ブルドーザ、スクレイプドーザ等
掘削機・積み込機	油圧ショベル、クラムショベル、トラクタショベル、ホイールローダー、バケットホイールエクスカベータ等
運搬機械	トラック、ダンプトラック、クレーン装置付トラック、トレーラ、ショベルローダ、フォークローダ、ベルトコンベア等
クレーン	クローラクレーン、トラッククレーン、ホイールクレーン、タワークレーン、ジブクレーン、建設用リフト、門型クレーン、フォークリフト、高所作業車等
基礎工事用機械	杭打ち機、ディーゼルハンマ、油圧ハンマ、バイブロハンマ、ウォータジェット、アースオーガ、油圧式鋼管圧入引抜き機、サンドパイル打ち機、オールケーシング掘削機、穴掘建柱車、アースドリル、リバースサーキュレーションドリル、グラウトポンプ、グラウトミキサ、深層混合処理機、高圧噴射攪拌用地盤改良機、薬液注入施工機器等
せん孔機械	ボーリングマシン、ダウンザホールハンマ、削岩機、ドリルジャンボ、クローラドリル、グラブホッパ等
締固め機械	マカダムローラ、タンデムローラ、タイヤローラ、タンピングローラ、振動ローラ、タンパ、ランマ、振動コンパクタ等
コンクリート機械	コンクリートミキサ車、トラックアジテータ車、コンクリートポンプ車、コンクリートポンプ、コンクリートプレーサ、アジテータ車、コンクリート圧砕機等
舗装機械	アスファルトフィニッシャ、ディストリビュータ、コンクリートスプレッダ、コンクリートフィニッシャ、コンクリート仕上げ機、振動目地切り機、コンクリートカッタ、インナーバイブレータ等
ポンプ	タービンポンプ、真空ポンプ、工事用水中モータポンプ、水中サンドポンプ、スラリーポンプ等
電気機器	変圧器（トランス）、高圧気中開閉器、発動発電機等
ウインチ	ウインチ、ホイスト、チェーンブロック等
試験測定機器他	コアボーリングマシン、ガス検知器、騒音計、振動計測機器、粉塵計、濁度計、自動測量装置、光波測定器等
架設用仮設備機器	ホイスト、チェーンブロック、ウインチ、ジャッキ、油圧ポンプ、ターンバックル、地覆高欄作業車等
その他	コンプレッサ、送風機、コンクリートバケット、コンクリートバイブレータ、コンクリート破砕器、溶接機、油圧ジャッキ、モルタル吹付機、コンクリート吹付機、種子吹付機、ベントナイトミキサ、水槽、チェーンソー、工事用信号機、工事用高圧洗浄機、ジェットヒータ等

Column

土木に多大な影響を与えた人たち
ケーネンとヴァイス

鉄筋コンクリートの発明者といわれるフランスの植木職人だったゼヨゼフ・モニエは、鉄網で補強したモルタル製のオレンジの樹の植木鉢を製作し、モニエ式配筋法の特許を取得しています。ただし、モニエは断面内の引張が働く部分に鉄を配置するという力学的な考えがなく、配筋は断面の中央部に置くことを推奨していたのです。

一方、ドイツ人の鉄道技師であったグスタフ・ヴァイスは、モニエの鉄筋コンクリートに興味を持ち、1885年にモニエの持つ特許の実施権の譲渡を受けて、ドイツ土木局技師のマティアス・ケーネンとミュンヘン大学のバウジンガー教授に大型はりの実験を依頼し、その実験結果から、鉄筋は引張が働く側に配置して、コンクリートは圧縮側に作用させるべきであると述べています。そして、1886年にはケーネンが鉄筋コンクリート構造の理論的計算法を提唱しています。さらに、鉄筋とコンクリートの熱膨張係数はほぼ同じであることを確認しており、鉄筋とコンクリートを一体化させるには、両者の付着力が必要であると述べています。バウジンガーは、5年間に及ぶ実験からコンクリート中では鉄筋が錆びないことを報告しており、これによって鉄筋コンクリートが成り立つ基本事項が彼らによって提唱されました。

彼らによって、モニエ以降経験工学的な域にあった鉄筋コンクリート構造が、理論工学へと変貌を遂げる第一歩となったといえます。ケーネンとヴァイスは、この鉄筋コクリートを建設が始まったドイツ連邦議会議事堂（ライヒスターク）に用いています。日本の国会議事堂にあたる構造物に当時の新素材である鉄筋コンクリートを用いたことは、大変な苦労があったものと推察されます。実際、鉄筋コンクリートに関して3年間に渡る各種実験を行っています。それまで勘と経験に頼って鉄筋を配置していたものを、材料力学に基づいた鉄筋コンクリートの設計法を確立させて、連邦議会議事堂着工から4年後に、議事堂の床に初めて鉄筋コンクリートの施工を行っています。このドイツ連邦議会議事堂への適用後、ドイツでは鉄筋コンクリートを用いた構造物の建設が急速に増加していったのです。研究熱心な学者と鉄筋コンクリートという新技術の開発に取り組んだ企業家という全く異なる業種であった2人が、鉄筋コンクリートという現代社会の礎を築いた一翼を担っていったのです。

土木とメンテナンス

47 土木構造物の寿命

土木構造物の寿命は明確ではない

現代の土木構造物のほとんどが鉄とコンクリートでできています。コンクリートの寿命はどれくらいかというと、1万年近く前からセメントに似た材料を構造物の一部に用いているので、それくらいの寿命はあると思います。しかしながら、現在ではほとんど鉄筋コンクリート造の構造物で、現存しているものが100年程度です。また、戦後の高度成長期に建設された鉄筋コンクリート構造物の多くが50年程度で老朽化や劣化してきています。

では、コンクリートの寿命の基準はどこにあるのでしょうか。土木学会コンクリート標準示方書では、その寿命の基準となるのが設計耐用期間としています。設計耐用期間は、設計する時にその構造物が目的とする機能を十分果たさなければならないと規定した期間としています。また、その設計耐用期間は構造物に要求される供用期間と維持管理の方法、環境条件、経済性などを考慮して定めるものとするとしています。さらに、構造物には施工中および設計耐用期間内において、構造物の使用目的に適合するために要求される耐久性、安全性、使用性、復旧性、環境性を満足しなければならないとしています。

これだけでは、鉄筋コンクリートの寿命をどれくらいに設定しているのかわかりません。鉄筋コンクリートの寿命を司る耐久性については、前述した各性能が設計耐用期間中に確保されるように設定されるので、これらの性能の経時変化に対する抵抗性となります。しかし、これらすべての性能の経時変化を考慮するのは現段階で難しく、非経済的になってしまうのです。つまり、鉄筋コンクリートの寿命をちゃんと設定したいのですが、現段階ではそれは難しいのです。戦後建設された鉄筋コンクリート構造物は、比較的環境条件が緩やかな場所でもせいぜい100年持つかどうかで、海岸部などの環境条件が厳しい場所では50年程度といったところではないでしょうか。

要点BOX

- ●コンクリートだけであれば寿命は1万年
- ●鉄筋コンクリートの寿命は100年程度
- ●設計耐用年数が土木構造物の寿命の基準

古代のセメント

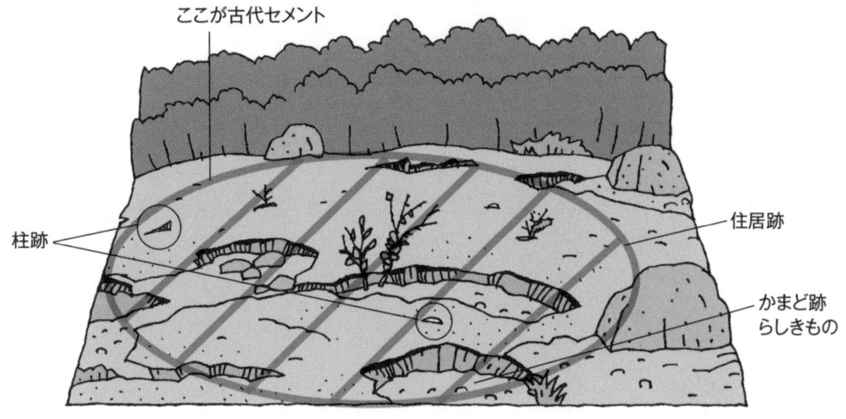

約9000年前のセメント系材料で造られた基礎（イスラエルのイフタフにある構造物）

近代のセメント

1904年に建設された鉄筋コンクリート造のサン・ジャン教会

フランスのパリ・モンマルトルにあるサン・ジャン・ド・モンマルトル教会は100年以上前に初めて鉄筋コンクリートで建設された教会である。内部の柱は鉄骨がむき出しで、外壁はレンガですが、壁は鉄筋コンクリートでできている。

48 高齢化社会に向かう土木構造物

供用後50年以上の膨大なインフラストックが急増

　現在、日本のインフラのほとんどは、戦後整備されたものです。橋梁の場合、1960年代から1970年代の高度成長期に整備されたものが大半を占めます。橋長が15m以上の橋梁の場合、1950年初頭には5000橋足らずであったのが、1970年初頭にはその10倍の5万橋に達しています。この高度成長期に建設されたインフラストックは、2033年には70%近くが建設後50年以上となります。まさに橋梁の高齢化社会を迎えているのです。

　我が国よりも30年以上前にインフラの整備が行われたアメリカでは、1980年代初頭にいわゆる「荒廃するアメリカ」が起こり、落橋や道路陥没が各地で生じました。その後、維持管理や補修・補強を行いましたが、2014年の段階においても橋梁全体の約10%に相当する6万橋がまだ欠陥を有したままとなっており、30年以上経過してもまだ改修が終わっていないのです。

　トンネルの場合は、現在インフラストックが約1万本あり、2033年で約半数が建設後50年を超えることになります。ダムは、無筋コンクリート構造ですので、他の構造物に比べて耐用年数が長いものの、山間部に建設されることから、凍害やすり減りによる劣化があります。また、ダムの多くが戦後間もなく建設されており、70年近く経過している水門やゲートといった付帯施設自体の老朽化は深刻です。

　下水道は、現在総延長で約43万kmあり、予防保全を行うための長寿命化計画の策定をしていますが、現状において約4分の1程度しかできていません。そのほか、河川構造物の樋門や水門なども50年以上経過しており、老朽化が進んでいます。

　これらのインフラストックの多くが高度経済成長時代に集中投資したものであり、今後ますます高齢化（老朽化）した構造物が急増していくことから、長寿命化に向けた対策を行う必要があります。

- 高度経済成長期に建設された構造物の老朽化が進んで、荒廃した日本にならない対策が必要
- 長寿命化に向けた取組みが必要

橋梁の建設年度別施設数

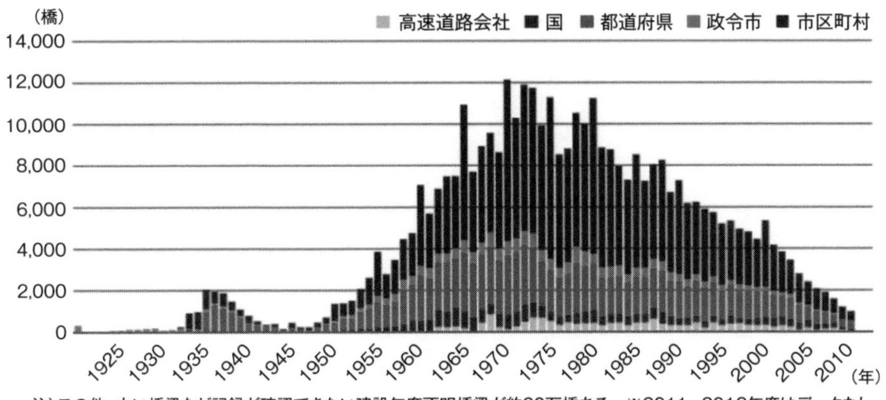

注)この他、古い橋梁など記録が確認できない建設年度不明橋梁が約30万橋ある　※2011~2012年度はデータなし

出典：国土交通省

トンネルの建設年度別施設数

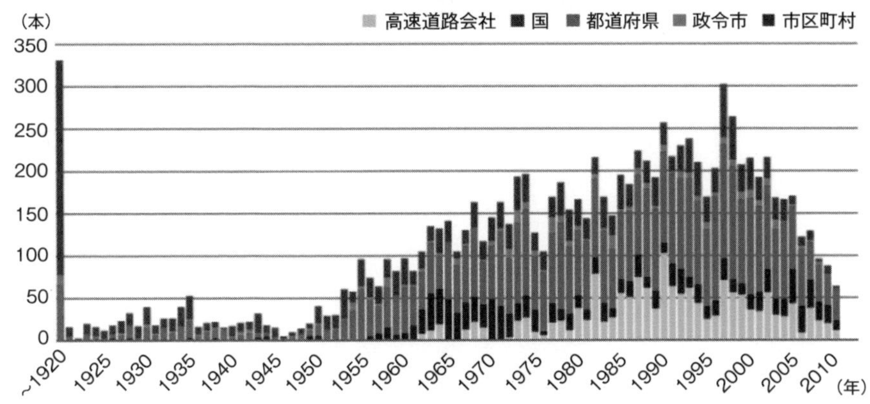

注)この他、古いトンネルなど記録が確認できない建設年度不明トンネルが約250本ある　※2011~2012年度はデータなし

出典：国土交通省

荒廃する街と道路

1980年代のアメリカでは、道路や橋などの老朽化が進み、大きな社会問題となった。

49 メンテナンスを見据えた計画・設計・施工

維持管理を考慮した計画が必要

戦後の社会基盤整備は、荒廃した国土の復興を第一に考えて行われ、その後の高度経済成長で急速に進みました。その際、整備（建設）することが最優先されましたので、完成後の維持管理まで考慮した計画・設計となっていませんでした。施工の場合も急速・大量施工を行うために品質が十分確保されていませんでした。耐久性に関する考え方もまだ十分でなかったので、例えばコンクリートに用いる砂の除塩を行わないで使用されたりしていました。アルカリシリカ反応についても、1980年代に各地で被害の報告があるまで日本ではそのような劣化は起こらないといわれていました。設計においても、十分なかぶりの確保や耐久性を考慮した設計が十分行われませんでした。ある意味、造りっぱなしで完成後のことは考えていなかったといえます。痛んだりしたら造り替えればよいというスクラッチアンドビルドの考え方で整備が進んでいったと思います。社会基盤整備が一段落した現在においては、資源の消費や有効利用、環境保護の観点から、インフラを長く使用する長寿命化の考え方に変わってきました。

長寿命化のためには、構造物が完成した後のメンテナンスに必要な点検業務などを考慮した計画・設計を行う必要があります。例えば、橋梁などの点検のための通路の設置や傷んだ箇所を簡単に取り換えられるような設計などです。点検の度に足場を組んだり、交通規制して高所作業車で行ったりするなどの手間が省けるだけでなく、維持管理費用の削減にもなります。また、点検しようとしても点検箇所まで行けないということもなくなります。これらは、計画・設計・施工段階で行う必要があります。確かに、維持管理を考慮した設計・施工では費用も時間もかかることになりますが、維持管理費用や設計耐用年数も含めたトータルコストが安くなるだけでなく、資源の無駄使いも減らすことができるのです。

要点BOX

- ●戦後の社会基盤は整備することが最優先だった
- ●スクラッチアンドビルドから長寿命化へ
- ●構造物にかかるトータルコストを考えるべき

高度経済成長期の工事

現在のインフラ

メンテナンスを考慮した
点検設備の設置

50 メンテナンスとライフサイクルコスト

土木構造物はその構造物にかかるトータルコストで考える

ある構造物を建設しようとする場合、計画から、設計、施工、維持・管理、解体・撤去、更新に至るまでの一連の流れを検討する必要があります。これをライフサイクルといいます。例えば、計画段階であれば、対象とするコンクリート構造物の要求性能や供用予定期間、設計段階では設計供用期間を満足するための経年劣化予測などのリスクマネジメントの検討です。また、施工段階では使用材料や施工方法、品質や安全管理などです。維持管理段階においては、点検・調査の頻度、劣化の進行と補修・補強時期の選定、更新時期の選定などがあります。

では、この一連の流れにどれくらいの費用がかかるのか算出するのがライフサイクルコスト（LCC）です。LCCでは、対象とする構造物に設定された期間全般において要求された水準以上の機能あるいは性能を維持しながらトータルコストや環境負荷を最小化していきます。具体的には、対象とする構造物の計画・設計、建設、維持・管理、解体撤去に至る構造物の一生を通してのコスト（ライフサイクルコスト）の最適化・最小化を図ることです。つまり、構造物を建設する際の建設コスト低減のみだけではなく、建設後の維持・管理や解体撤去にかかるコストなども含めて、全体としての最適化とそのためのコスト低減を図るのです。供用期間中に構造物の安全性や性能がどのように変化するかを数値で評価し、構造物がいつ頃どのように劣化するのかを予測して、その結果から補修・補強にかかるコストを算定していくのです。

LCCを考える場合、初期投資（建設費用だけでなく、用地買収や立ち退き費用などの保証費用も含む）から、設計、施工、維持管理（点検・診断から補修・補強費用も含む）、更新までの費用を合算して、いかに無理なく構造物にかかる費用を捻出していくかを算出していくのです。

要点BOX

- ●計画から更新までのライフサイクルを考える
- ●ライフサイクルコストは構造物の一生を通してのコストの最適化と最小化を図る

ライフサイクルコストの例

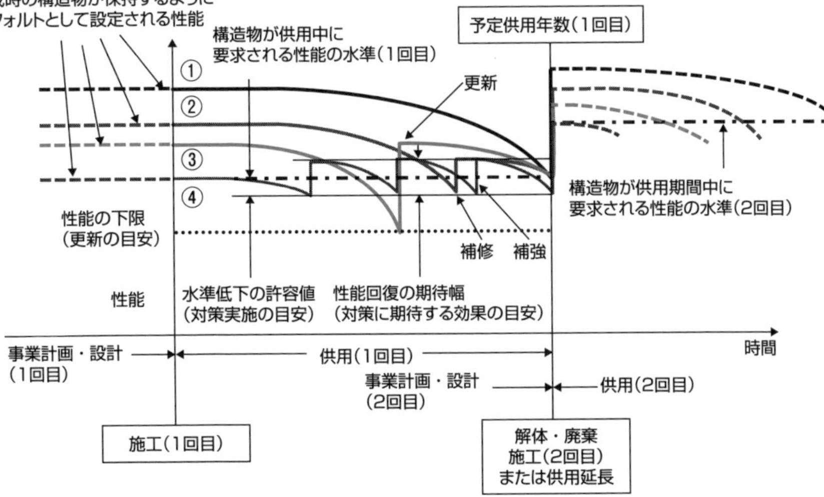

LCC＝I＋M＋R

I：イニシャルコスト（初期建設費用）

M：メンテナンスにかかる費用（維持管理費用、補修・補強を含む）

R：撤去費用

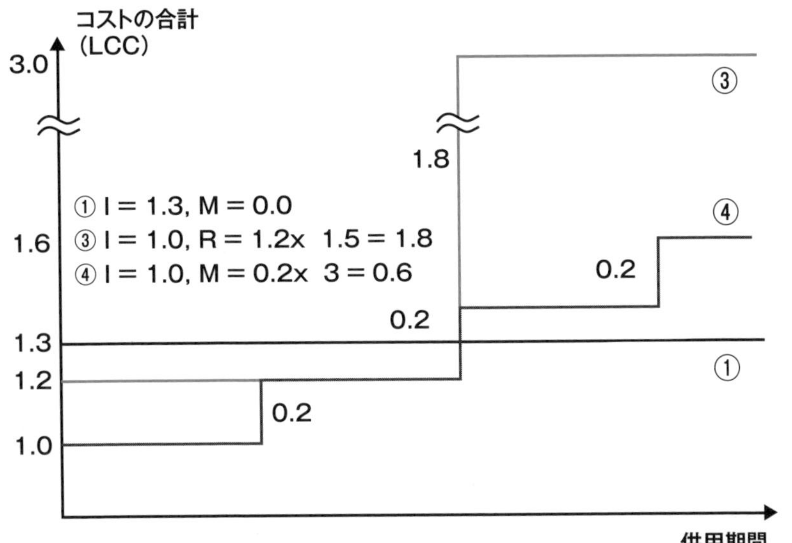

51 土木と医療は似ている？

土木と医療現場で使用する機器はよく似ている？

土木構造物のメンテナンスを行う検査者の方たちは、医療現場での検査技師の役目と医者の役目の両方を担っているように思います。構造物の目視調査は、お医者さんが患者さんの顔色や仕草や動作、皮膚の表面に現れている痣（あざ）や傷などを診るのとよく似ています。聴診器を当てて、心臓の音や肺の呼吸時の雑音などを聞くのは、まさに構造物の打音検査といえます。

ほかにも人の体温の測定にサーモグラフィを用いますが、コンクリート構造物の浮きやひび割れの検知で同じようにサーモグラフィを用いています。人の組織の検体を採取するための検査は、少なからず人にダメージを与えますが、土木構造物でも同じで、コンクリート内部の欠陥や劣化状況を把握するために、構造物から試料を採取（コアリングやドリリングによって行われる場合が多い）しますが、これも構造物に少なからず損傷を与えることになります。そのため、構造物に極力ダメージを与えないようにするために、非破壊検査が行われます。この非破壊検査に使用している機器は、まさに医療現場で使用している検査機器と同じ原理のものを用いているのです。鋼構造物の傷やき裂の検知、コンクリート構造物のひび割れ深さや内部空洞を調査するための超音波試験機は、お腹の中の胎児の状況や内臓の疾患を探すための超音波診断機器と仕様はほとんど変わりません。コンクリート内部の配筋状況などを調査するためのX線探査装置は、健康診断などで行うレントゲンと全く同じ原理を用いています。

それらの調査結果から、劣化原因の推定や補修・補強の有無の判断を下しています。これは、検査結果を基に病気の種類を判定したり、その治療法を決めたりしているお医者さんの行為と同じです。豊富な知識と経験を基に、土木構造物の調査・点検、診断、補修・補強を行うのは、まさに医療行為と同じといえます。

要点BOX
- ●構造物のメンテナンスは医療行為と同じ
- ●検査にはできるだけ傷つけない非破壊検査を利用
- ●非破壊試験機器の原理は、土木も医療も同じ

医療分野と土木分野で使用している検査機器

医療分野での検査機器

土木分野での検査機器

超音波診断機器

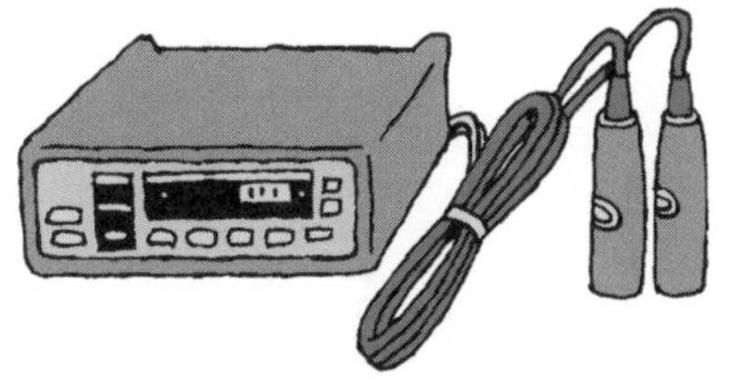
超音波測定装置

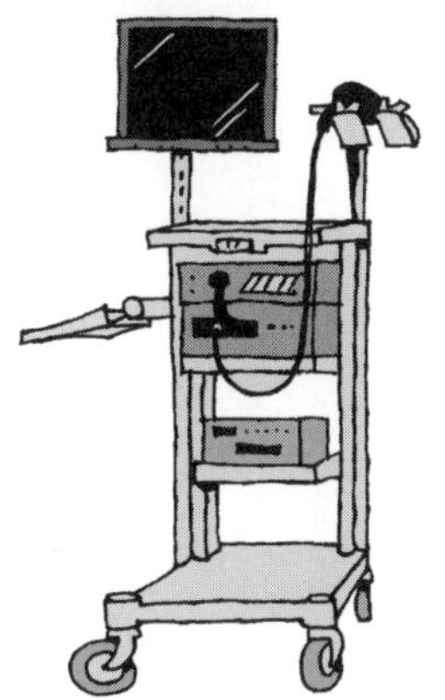
内視鏡ビデオスコープシステム

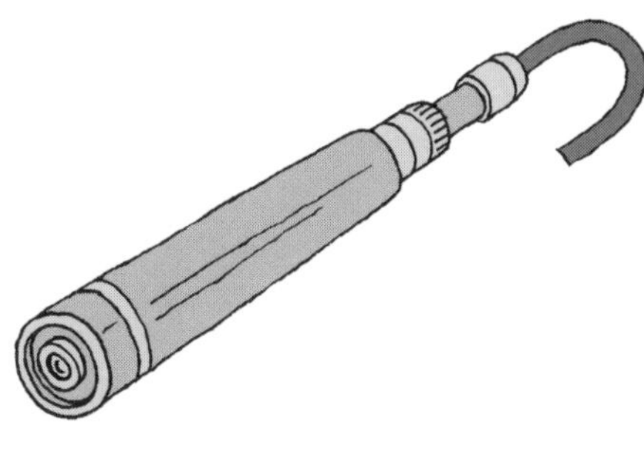
ボアホールカメラ

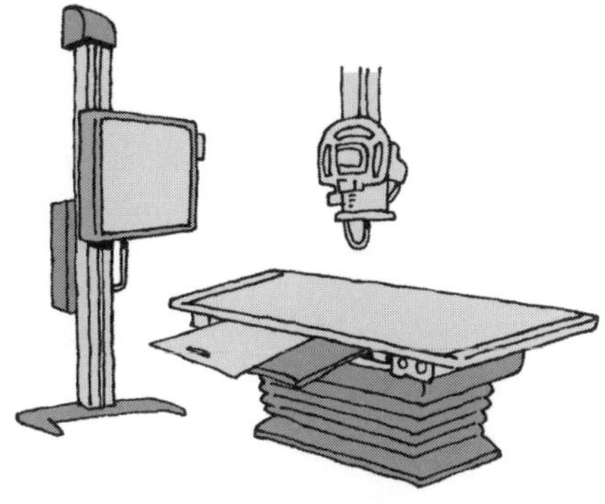
レントゲン装置

X線検査装置

52 土木構造物の調査・診断

調査・診断はメンテナンスの基本

メンテナンスでは、対象とする構造物に対して点検、劣化メカニズムの推定とそれら劣化要因からの予測、耐力評価およびそれらの結果を基にした対策の有無の判断からなる診断というサイクルを繰り返し行っていき、その都度診断結果を記録していきます。次に、診断結果から対策を講じる必要があると判断した場合には、補修、補強を実施していきます。また、メンテナンスでは、点検時期（頻度）の設定、点検方法およびその時の人員や予算などの体制を考慮していく必要があります。基本的には竣工（構造物の完成）から更新（次の建替え）までの期間を想定して決めていく必要があります。

メンテナンスの実施に際しては、対象とする構造物の重要度、第三者影響度（歩行者に落下物が当たって怪我をするなど）、環境条件などを基に、どんな管理方法で行っていくか決める必要があります。管理方法としては次の3つの方法があります。1つめは予防維持管理といって、対象構造物で劣化が顕在化する前にこれらの状況が生じないように事前にメンテナンスを行う方法です。2つめは事後維持管理といって、性能の低下の程度に応じて対策を講じるもので、対象とした構造物で劣化が進行しても構造物の性能に大きな影響を与えないメンテナンス方法です。3つめは観察維持管理といって、特に具体的な補修や補強などの対策を講じることのない構造物であり、いってみれば調査・点検はするのですが、具体的な対策を講じないで、極端に言えば立替えまで様子を見ましょうというメンテナンス方法です。

管理方法を基に、実際に調査を行っていくわけですが、調査（点検）は初期点検、日常点検、定期点検、臨時点検および緊急点検があります。目視などで日頃の調査を行って、5年に1回（国土交通省の通達）の定期的な調査（人でいうところの健康診断や生活習慣病検診のようなもの）を行います。

要点BOX
- ●構造物の状態を知るために調査・診断を繰り返す
- ●調査・診断の頻度と費用は、構造物の完成から取り壊しまで期間を想定して決める

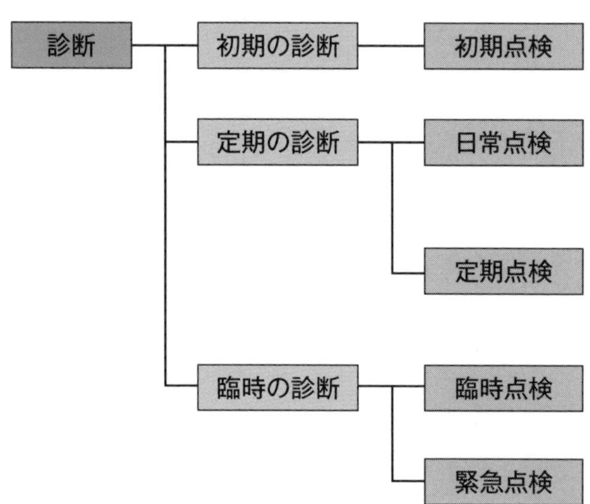

出典：「2018年制定 コンクリート標準示方書［維持管理編］」土木学会コンクリート委員会標準示方書改訂小委員会編、土木学会、2018

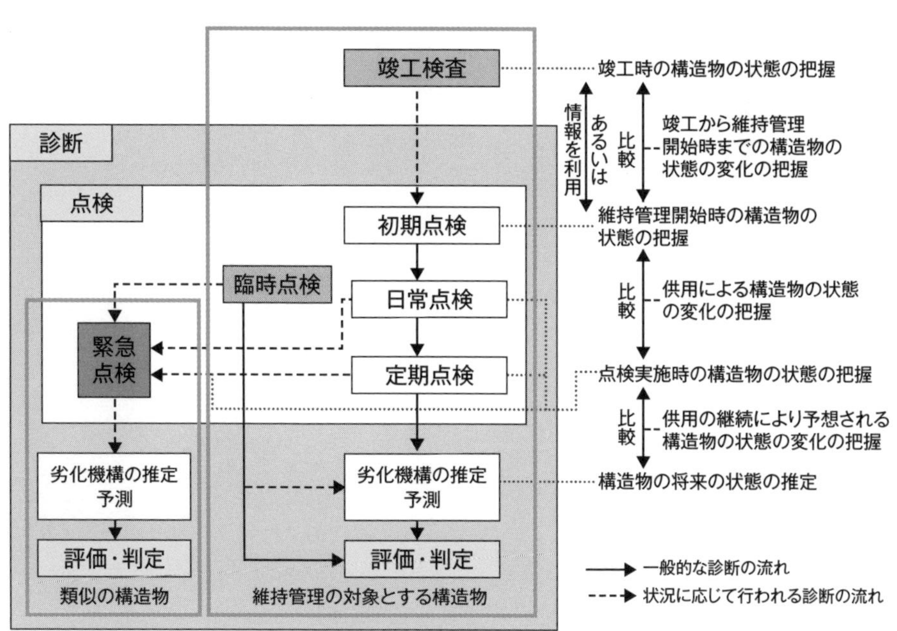

出典：「2018年制定 コンクリート標準示方書［維持管理編］」土木学会コンクリート委員会標準示方書改訂小委員会編、土木学会、2018

53 土木構造物の補修・補強

補修・補強は構造物の機能回復のための治療

構造物の調査・診断結果から、対策を講じる必要があると判断された場合、対策を行うことになります。対策の方法には、点検強化、補修、補強、供用制限、解体・撤去があります。そして、対策を講じた結果、どのレベルまで機能を回復させるかについても3つのパターンがあるとしています。1つめは、建設時と現状の中間までの回復もしくは現状性能の維持、2つめは、建設当初までの機能の回復、3つめは、建設時よりも高い性能を付加させるものです。

例えば、初期性能を高くして、対策の回数をできるだけ少なくした（初期投資して、要求性能よりも高い水準の性能とした）構造物の場合、対策を講じてどこまで回復させるかという点において、要求性能まで低下するのにかなり時間がかかるので、残存供用期間（賞味期限の残り期間のようなもの）が短くなることから、現状維持か性能を少し回復させれば十分要求性能を満足するはずです。どこまで性能を回復させるかについては、対策に要する費用、回数、対策を講じるまでの期間などを含めたライフサイクルコストを基にした検討が必要となってきます。

対策として行う補修は、第三者（歩行者など）への影響を取り除く、美観・景観、耐久性の性能回復、安全性や使用性の回復を行うものです。その方法としては、判定した劣化原因に対してどのような材料、工法が適しているか検討するとともに、補修範囲を選定する必要があります。

一方、補強は建設時に構造物が保有していた安全性および使用性における力学的な性能よりも高くすることです。単純にアップグレードすることになりますが、社会情勢の変化や要求性能の変化に対応するために行う機能向上も含まれています。さらに、昔の基準で造られて、今の基準を満足しない既存不適格構造物も、建設時より機能を向上させるための補強が必要となります。

要点BOX

- ●対策の目標レベルには3つのパターンがある
- ●補修の基本は建設当初までの機能回復
- ●補強は建設当初以上の機能向上

コンクリート構造物に適用されている主な補修、補強工法

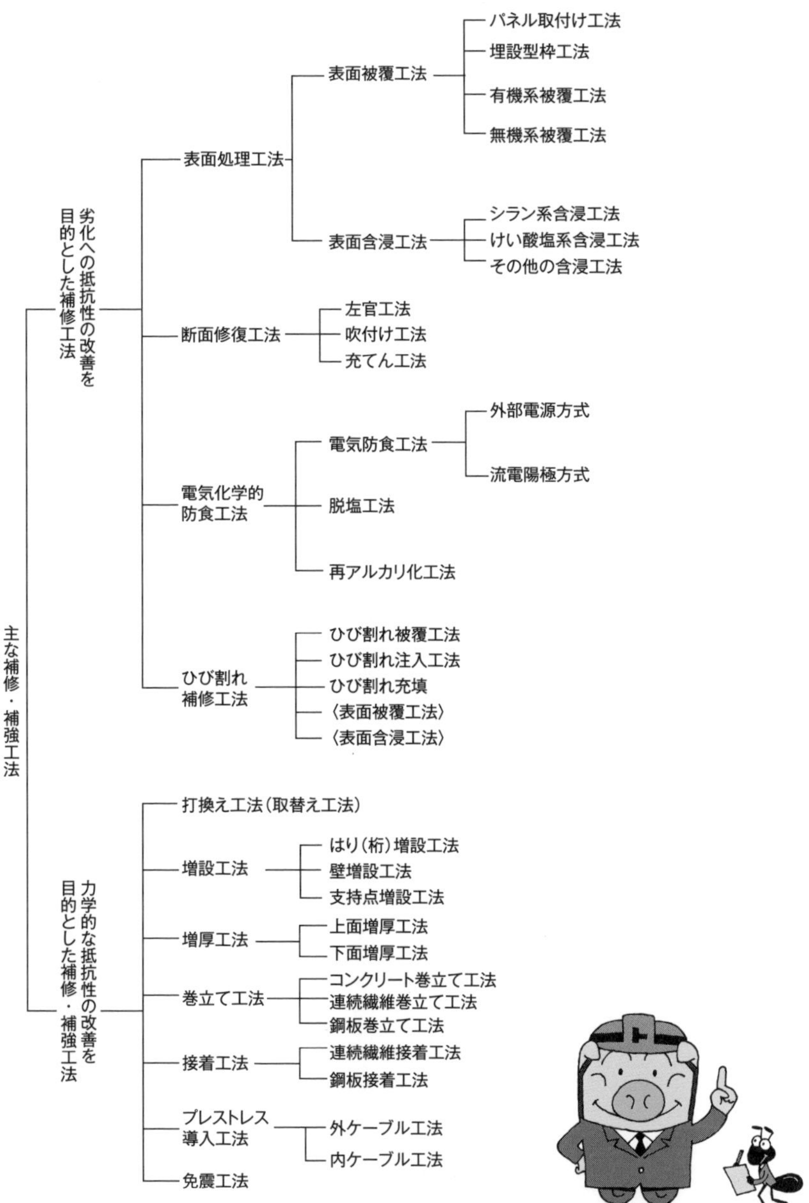

出典：「2018年制定 コンクリート標準示方書［維持管理編］」土木学会コンクリート委員会標準示方書改訂小委員会編、土木学会、2018

54 土木構造物のターミナルケア

物言わぬ構造物だからこそ、その仕舞いをどうつけるかが重要

ライフサイクルを検討する際、大きな割合を占めるのが建設費用と更新費用（建替え費用）です。当然、建設・建替え費用だけでなく、完成後の運用費用や維持管理費用もかかってきます。一方、建替えまでの維持管理費用は、供用期間にもよりますが建設費用の10倍程度かかるといわれています（例えば100億円の建設費用で50年間維持していくとした場合、管理費や維持管理費などに総額1000億円かかるということです）。建設費ばかりが独り歩きして、完成後のメンテナンスや更新費用を考えていないという構造物が結構あります。大切なのは、対象構造物の解体、更新（建設）を含めて総事業費（解体、設計、建設、維持管理に至る費用）を試算し、それに基づいたライフサイクルを考えることです

土木構造物は意志を持った生き物でもなんでもありませんが、土木技術者（計画、設計、施工、管理に携わった人々）からすれば、切ったり貼ったりして痛々しい姿で供用されるよりも、完成した当時の雄姿のままで、更新を迎えさせたいものもあるのではないでしょうか。なんでもかんでも対策を講じることが最善の策なのか、ひとつ間をおいて考えることも重要ではないかと思います。もちろん、安全性や使用性を度外視して対策を講じなくてよいといっているわけではありません。一歩引いた目線で見ることも大切であり、それによって得られる結論が最善かもしれないと思うからです。土木構造物の仕舞いをどうつけるかは、管理者がどれ程その構造物に思い入れがあったかで決まるような気がします。数多くある構造物のひとつと見るのか、それぞれに歴史を刻んできて、いろいろな思い出がある構造物なのか、なんというか業務の一環として扱うのか、そこに感情移入できるのか、物言わぬ構造物だからこそ、管理側が正面から向き合っていかないと本当の意味でのメンテナンスはできないような気がします。

●建設から解体・建替えまでの総事業費を考えることが重要
●なんでも対策を講じることが最善の策ではない

土木構造物の一生（ライフサイクル）

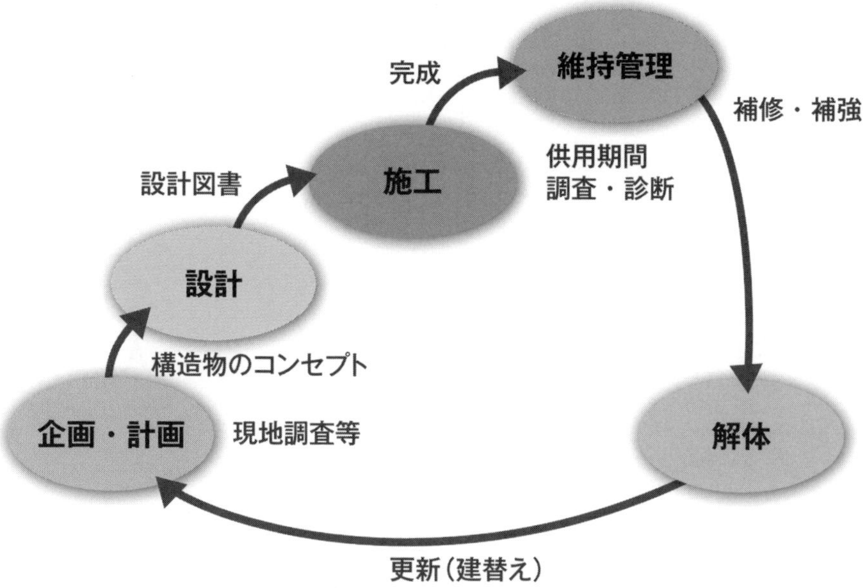

企画・計画
現地調査等
構造物のコンセプト
設計
設計図書
施工
完成
維持管理
供用期間
調査・診断
補修・補強
解体
更新（建替え）

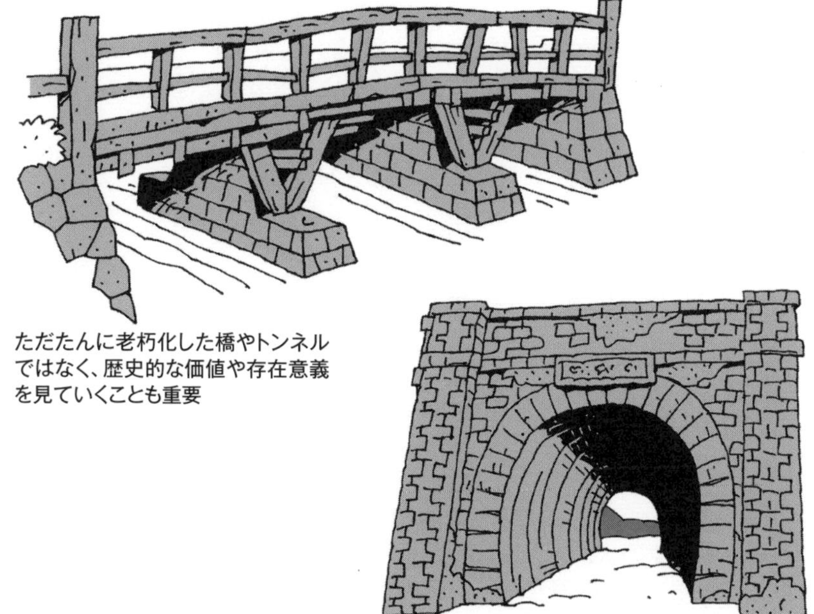

ただたんに老朽化した橋やトンネルではなく、歴史的な価値や存在意義を見ていくことも重要

55 土木構造物のメンテナンスを支える人たち

土木構造物は多くの人たちの手で守られている

土木構造物のメンテナンスでは、日常点検や定期点検は欠かせない作業といえます。日常点検の場合、必ずしも調査・診断を行う土木の専門技術者が行っておらず、例えば鉄道などで土木以外の技術者の方が目視点検などを行う場合もあります。もちろん、地方の公共構造物では市町村の土木職員が定期的に巡回していますが、非常に多くのインフラを抱えていて、全ての構造物を詳細に点検することはできません。そのため、定期的に専門技術者（建設コンサルタントなど）が点検を行っています。調査を行うための検査機器の開発・販売などを行っているメーカーの方たちも当然メンテナンスを支えている方たちです。

また、補修や補強を行うために、建設会社や補修専門の会社などが工事を行います。その補修や補強に用いる資機材を提供しているメーカなどもメンテナンスを支える人たちです。さらに、補修作業に用いる例えば高所作業車などをレンタルしている会社も支える人たちなのです。メンテナンス自体は、地味な作業といえますが、人々の安全・安心を確保していくためには欠かせないものであり、そのメンテナンスには実に多くの人々が関わっているのです。いつも安心して橋やトンネルを使えるのは、こういった人たちの日々の努力に支えられていることを私たちは忘れてはならないと思っています。

最近では、ボランティアで住民の方が地元の橋をときどき通って、排水溝が詰まっていないかみていますという話を聞いたことがあります。ほかにも橋守の取組みをしているという記事を読んだこともあります。土木構造物のメンテナンスを支えているのは、専門技術者ばかりでなく、実は一般の方たちの中にも自分たちがしなければならないという意識を持って、メンテナンスを行っている人たちもいるのです。このような意識を持ってくれることこそが土木構造物の長寿命化に繋がっていくのだと思っています。

●メンテナンスを行うのは専門技術者だけではない
●日々のメンテナンスが安心・安全を確保
●インフラは自分たちのものだという意識が大事

橋のメンテナンスネット

市民でも点検可能な
簡易橋梁点検チェックシート
による点検
パソコンやスマホから
橋マップを確認
橋のセルフ
メンテナンス
モデル
インハウス
エンジニア主導型
住民主導型
地元企業主導型
学生主導型
橋面上の汚れを
見える化
予防保全のための
清掃活動
橋面上の土や草の撤去、排水桝の清掃
地域での予防保全活動

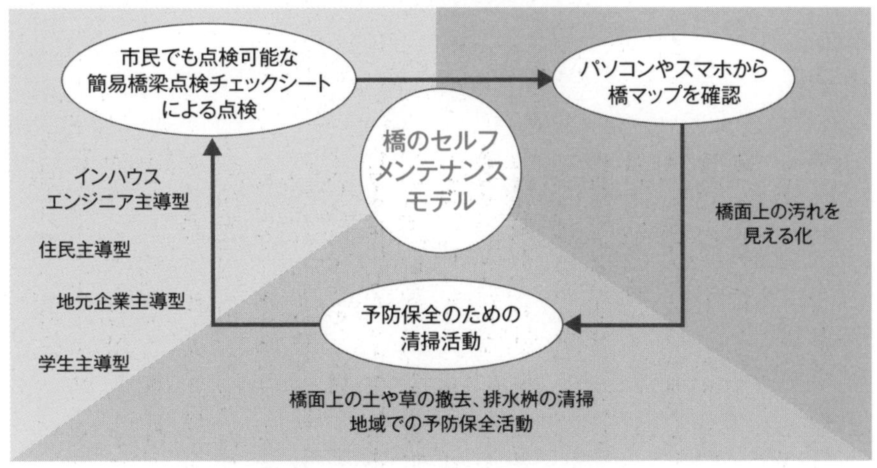

出典：「みんなで守る 橋のメンテナンスネット」http://bridge-maintenance.net/project/#project1

長崎大学の橋守の取組み

地域再生人材創出拠点の形成

「観光ナガサキを支える"道守"養成ユニット」実施内容（2008~2012年度）

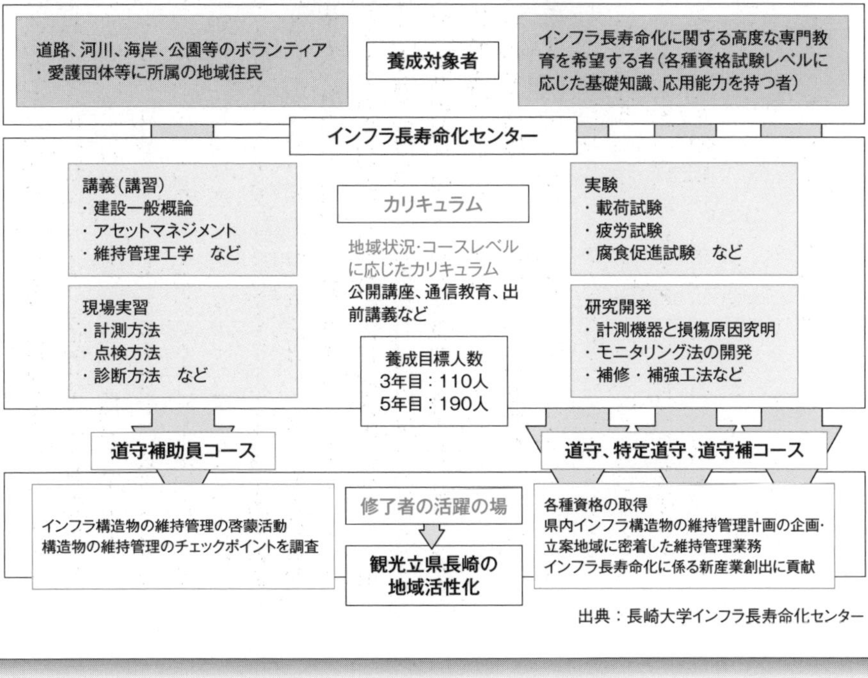

道路、河川、海岸、公園等のボランティア
・愛護団体等に所属の地域住民
養成対象者
インフラ長寿命化に関する高度な専門教育を希望する者（各種資格試験レベルに応じた基礎知識、応用能力を持つ者）
インフラ長寿命化センター
講義（講習）
・建設一般概論
・アセットマネジメント
・維持管理工学　など
カリキュラム
地域状況･コースレベルに応じたカリキュラム
公開講座、通信教育、出前講義など
実験
・載荷試験
・疲労試験
・腐食促進試験　など
現場実習
・計測方法
・点検方法
・診断方法　など
養成目標人数
3年目：110人
5年目：190人
研究開発
・計測機器と損傷原因究明
・モニタリング法の開発
・補修・補強工法など
道守補助員コース
道守、特定道守、道守補コース
インフラ構造物の維持管理の啓蒙活動
構造物の維持管理のチェックポイントを調査
修了者の活躍の場
観光立県長崎の
地域活性化
各種資格の取得
県内インフラ構造物の維持管理計画の企画･
立案地域に密着した維持管理業務
インフラ長寿命化に係る新産業創出に貢献

出典：長崎大学インフラ長寿命化センター

Column

土木に多大な影響を与えた人たち
青山士

青山士（あおやま　あきら、1878〜1963年）は、海外で活躍した土木技術者の1人で、ほかにも八田與一（台湾の烏山頭ダム建設に貢献した土木技術者）や久保田豊（中国の水豊ダム建設に尽力した土木技術者）がいます。

青山は、パナマ運河建設において灼熱地獄のような環境下で実に7年半にわたって工事に従事しています。赴任当初は一測量員でしたが、徐々にその仕事ぶりが評価され、最後には閘門（こうもん）の重要部分の設計や施工等を任されるまでになったそうです。青山は、アメリカ政府から「Excellent」という最高の評価を受けたそうです。現地のパナマ運河博物館には青山士のコーナーがあり、彼の業績が展示されています。

実は、彼はパナマ運河の完成を見ずに帰国しています。帰国後、彼は荒川放水路の整備に約15年間従事し、鬼怒川の河川改修にも従事しています。その当時、梅雨や台風のシーズンには軒下まで洪水がくるのが当たり前だった東京の下町に対して、荒川放水路の整備によってほとんどなくなったのは、真に青山の大きな功績のひとつといえます。青山は、技術官僚の最高ポストである内務技監になり、後に土木学会会長に就任しています。会長就任後、青山は土木技術者倫理について日本工学会において初めて明確に打ち出したそうです。青山は、その中で技術者が清廉潔白に生きていく姿勢や研究内容の情報公開などを訴えたそうで、土木技術者としての集大成がそこに明確に謳われているといえます。

青山の清廉潔癖な逸話として、青山のところにある業者が付け届けを家人に渡したところ、青山が後から追いかけて行って業者に返し、どこの会社の人間かを問いただし、君のところは厳しい査定をせざるを得なくなることを述べたそうです。そのようなエピソードはたくさんあるそうです。青山のそのような意志は、土木技術者の重要な資質であるといえます。また、新潟の大河津分水工事では、国の予算を大量に投入したにもかかわらず激流で流された時、施工不良に対し激怒したそうです。国民の生命や財産を守るためにインフラを整備することは、土木技術者の義務と捉えていたそうです。青山は、シビルエンジニアとして人々のために土木技術を駆使するのは当然であるという思いを伝えたかったのではないでしょうか。まさに、青山士は公僕といえる人物だったと思います。

第7章

土木の未来

56 時代のニーズに合わせて進化する土木

人類の発展の陰には、土木の支えがあった

土木は、人類の文明が始まって以来ともに歩んできたといえます。土木は、人々の生活を支え、豊かにしてきました。古代においては、住まいとなる場所を整地し、外敵から守るための柵を築き、田畑に水を引き、川に橋を架け、道を整備し、時に通行が困難な場所にう回路としてのトンネルを掘り、人々から大雨や洪水などの水害から守るための堤を築いてきました。このようにして人々が安心して暮らせる場所が確保されていったのです。これは、きっと当時の人たちが望んでいた安心・安全な暮らしではなかったでしょうか。その後四大文明に象徴されるように巨大な古代都市が生まれ、多くの人々が生活を営む頃になると、その生活を守るために遠方から水を引き、下水施設などが整備されていきました。

人々が外洋に出るための大型の船を造るようになると、そのための大きな港を構築するようになりました。蒸気機関が発明されると、鉄道工事のための土木技術が発達していきました。自動車の誕生によって道路整備が進み、飛行機の誕生で滑走路などの空港の整備が行われるようになりました。それは、僅か数世紀の間に起こったことです。

土木工事では、巨大化していく構造物に対して石積みやレンガ積みから、鋼材やコンクリートを用いた材料に変化していき、現代のような巨大構造物を構築できるようになりました。また、その巨大構造物が構築できるような構造形式を生み出すための技術（工法）が開発されていったのです。さらに、巨大構造物を急速に構築するために、建設機械が開発され機械化施工が行われるようになりました。

このようにして、人々の生活様式や文明の発展に対応して、土木技術や施工法などもその時代が求めるものに発展していったといえます。土木の根底にあるものは、いつの時代も人々の生活を支え、豊かにしていくことなのです。

要点BOX
- ●土木はその時代の人々の生活を支え豊かにする
- ●その時代に応じた土木技術が生まれてきた
- ●現代社会を支える土木の力（技術）

安心・安全で暮らしを確保

古代の人々の生活を支えていた土木

江戸時代の街並み

現代の街並み

57 宇宙に羽ばたく土木

近い将来宇宙事業が土木の中心になる？

宇宙ビジネスが現実味を帯びてきて、近い将来宇宙での生活というのも夢ではなくなってきています。

土木の世界でも大手建設会社数社が、宇宙ホテルや月面基地などの構想を発表しています。そのひとつに宇宙航空研究開発機構（ＪＡＸＡ）と大手建設会社の共同研究があります。研究は、建設機械の遠隔施工によって、月や火星で無人化・自動化された建設作業の実現を目指すものです。計画では、２０４０年には火星で長期間滞在可能な拠点建設を目指すというもので、２０３０年までに月での長期間滞在可能な施設の構築を目指していて、居住区画の整地、構造物の設置、遮蔽を行うというものです。建設機械には、現在ダム建設などで用いられているGPSやジャイロセンサーなどを搭載して、タブレット端末を介して自動で稼働する技術を応用するというものです。ほかにも、道路の点検ロボットを応用して月や火星での探査ロボットの開発を行っている建設会社もあります。

一昔前でしたら、ＳＦ小説や映画の題材だった軌道エレベータという建造物の建設について大手建設会社が研究を行っていると発表しています。軌道エレベータは、地上から静止軌道以上まで延びる構造物に沿って運搬機が上下して、宇宙と地球の間の物資を輸送できるものです。この構造物の建設が現実味を帯びてきたのは、カーボンナノチューブ（アルミニウムの半分という軽さにもかかわらず、鋼鉄の20倍の強度を持ち、引っ張る強さはダイヤモンドすら凌駕するといわれている非常にしなやかな弾力を持つ物質）が発見されたことです。この軌道エレベータができれば、誰でも簡単に宇宙に行けることができるようになるのです。みなさんが大人になったころには実現しているかもしれません。

近い将来、土木事業の中心が宇宙関連事業になっているのも夢ではなさそうです。

要点BOX
- ●無人化施工技術を使った月面基地の建設
- ●道路検査技術を応用した探査ロボットの開発
- ●ナノチューブを使った軌道エレベータの建設

宇宙での土木事業

無人施工技術を利用した月面基地の建設

軌道エレベータ
エレベータに乗るような感じで宇宙へ行くこともできる時代も近い!?

58 土木事業は常に時代の最先端を行く！

土木工事は先端技術をいち早く導入、活用している

土木工事では、巨大構造物を構築していくために重量物の運搬や組立に多大な労力が必要となってきます。それらを効率よく行うために、その時代の最先端技術を取り入れて工事が行われてきました。古代の土木工事では、滑車や輪軸を用いて巨石や重量物などを持ち上げていたとされており、その当時の最先端技術を駆使して巨大構造物を構築していました。また、古代エジプトにおいては4500年以上前に水準測定器・垂直確定器・定規などの測量機器が発明されており、これら当時最新の測量技術を用いてピラミッド建設などが行われました。さらに、ローマ時代においても水道橋のように非常に精度の高い測量技術を用いて建設されています。現在では、GPSを用いた測量やドローンを用いた測量など現代の先端技術を用いたものとなっています。

産業革命での蒸気機関の発明は、18世紀後半において建設機械へ適用されるようになり、川や海などの浚渫（しゅんせつ）機械が開発されました。浚渫機械自体は、16世紀にレオナルド・ダ・ヴィンチが水路工事における運河掘削機を考案しています。16世紀当時大型の動力がない時代であり、それらの機械自体が活躍できたのはそれから200年後ということになりますが、いずれもその当時の先端技術であったのは間違いないと思います。19世紀には、小型で高圧力の蒸気機関が開発され、蒸気クレーンや蒸気掘削機などが登場します。これもその時代の最先端の工業技術を利用したものといえます。

ガソリンやディーゼルなどのエンジンが開発されるといち早く建設機械に導入され、巨大構造物の急速・大量施工が可能になりました。さらに、現代ではこれらの建設機械が有人ではなく、無人で工事を行っているのです。こうしてみていくと、土木工事はその時代の先端技術をいち早く導入し、活用している分野といえます。

要点BOX
- ●工事で重量物の運搬・組立に先端技術を活用
- ●建設機械は、その時代の最先端技術が満載
- ●土木工事は有人から無人の時代に！

ローマの水道橋

高度な測量技術で造られた水道橋

無人化施工

59 土木の基本はいつの時代も変わらない

人々の生活を支えるという土木の使命

土木の使命は、いつの時代においても人々の生活を支え、安心・安全で豊かに暮らせるようにすることです。人々の飲み水を確保し、作物を育てるために川や湖から水を引き、病気や疫病にならないための浄水施設や下水施設を整備したりしています。生活に必要な電気やガスを運ぶための設備を整備し、発電のためにダムや発電所を建設します。川を渡るための橋を架け、危険な山道を通ることのないようにトンネルを掘ります。人や物の遠隔地や海外との移動・運搬のために道路や港、空港を整備します。人々を大雨による洪水から守るための堤防やダム、堰（せき）の建設や貯留施設の建設を行いますし、津波や高潮から守るための防潮堤や防波堤を建設しています。いつの時代も人々の生活に欠かせない水や食料の確保、自然災害などから人々の生命・財産を守るために施設の整備や維持管理を行っています。それは、ほとんど人知れず行われていることが多いのです。

みなさんがスイッチを入れると電気が点き、コックを開けると水やお湯が出て、トイレで用を済ました後は水が流してくれます。一歩家を出て、舗装された道路を歩いたりして、目的地までバスや電車などを利用していくことができます。何気ない日常を過ごせているのも陰ながらそれらを支えている人たち（土木に従事している人たち）がいるからです。公衆への奉仕者という意味で公僕という言葉があります。一般には、公務員の方たちを指す言葉ですが、土木に従事している人たちはこの公僕に近いのではないかと思っています。社会基盤の整備やそれらの維持管理は、できていて当たり前であり、何かトラブルがあると多くの避難を受けたり、責任が問われたりします。それは、土木が支えている多くのものが人々の生命・財産を守っているからなのです。

土木の仕事は、それだけ責任のある仕事であるといえるのではないでしょうか。

要点BOX

- 土木の使命は人々の生活を支え、安心・安全に暮らせる社会を築くこと
- 日常の当たり前を守るのが土木の仕事

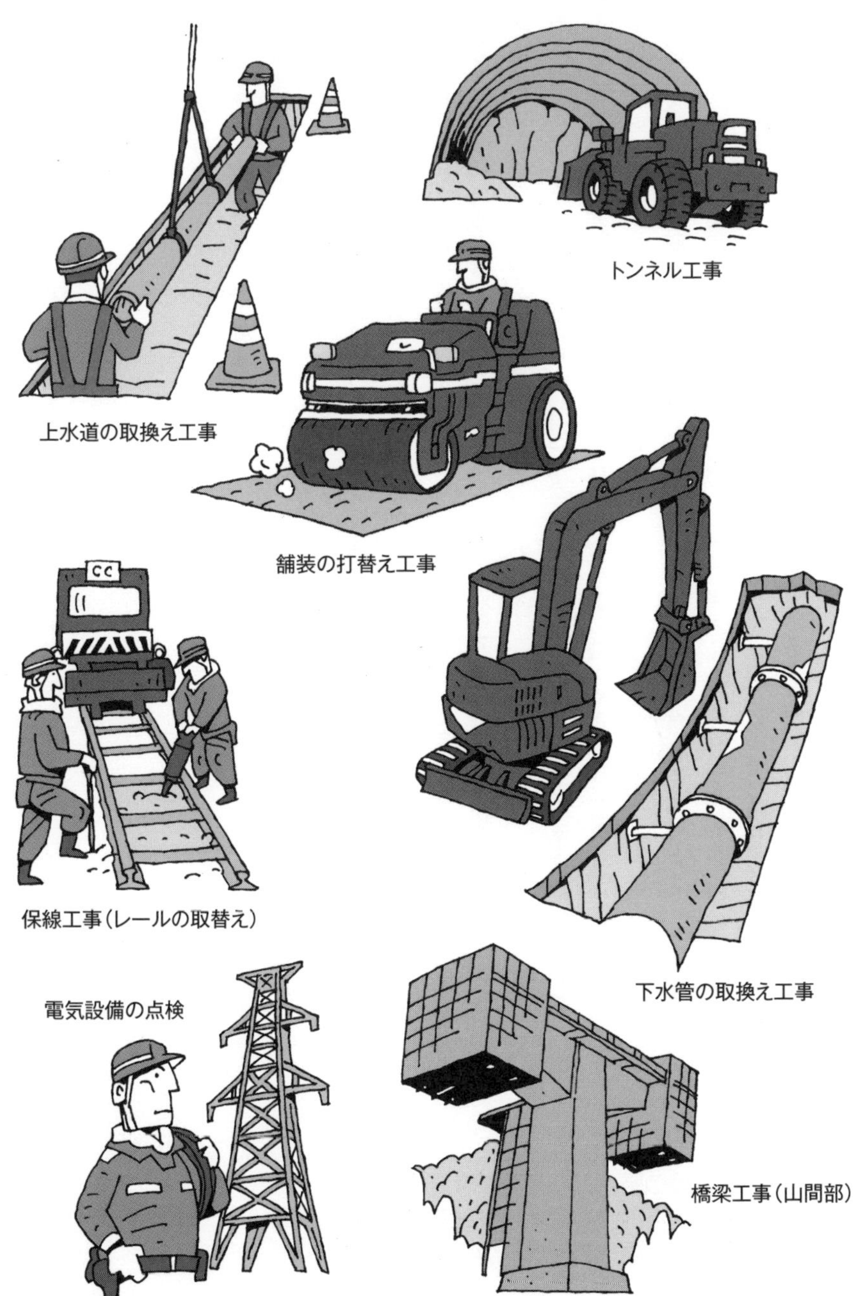
人々の生活を支えているいろいろな土木工事
トンネル工事
上水道の取換え工事
舗装の打替え工事
保線工事（レールの取替え）
下水管の取換え工事
電気設備の点検
橋梁工事（山間部）

60 土木の進むべき道

土木事業に求められるもの

日本では戦後荒廃した国土を復興させるために、社会基盤の整備が最優先で行われてきました。したがって、土木事業のほとんどは新設工事でした。それも急速大量施工が求められていました。高度経済成長にも乗って多くのインフラの建設が行われ、充実していきました。都市の区画整理や上下水道施設の整備、高速自動車道路の整備、高速鉄道（新幹線）の整備などが先のオリンピックに合わせて行われました。それから50年以上が経過し、多くのインフラは更新時期を迎えてきています。また、東日本大震災による津波で福島第一原子力発電所の事故によって、ほかの原子力施設の多くが停止したままの状態でいます。さらに、地球温暖化による二酸化炭素排出量の削減も迫られていて、二酸化炭素排出の多い石炭火力発電所の更新などが進んでいない状況にあります。

老朽化が進む膨大なインフラストックを一度に更新することは現状難しく、それらの多くを長寿命化させるためのメンテナンスを行っていく必要があります。また、原子力や化石燃料に依存しているエネルギー産業を再生可能エネルギーへ転換していく必要があります。したがって、これからの土木事業は、新設工事から維持管理やリニューアル工事へとその主力を移行していく必要があります。また、再生可能エネルギーとして風力発電の建設や既存ダムの機能向上を目指したダムの再生（嵩上げなど）が中心になってくるものと思われます。

一方、今後急速に進む少子高齢化に対して、土木従事者の減少や専門技術者の減少に対する対応を行っていく必要があります。その対応のひとつとして、工事の省力化、自動化だけでなく、AIなどを活用した無人化施工などを積極的に取り組んでいく必要があり、そのためには、これまでの土木だけでなく、その他の工学や理学、情報科学の分野と融合した新しい形の土木事業を目指していく必要があります。

要点BOX
- ●新設の時代から長寿命化の時代へ
- ●土木におけるエネルギー事業の転換時期
- ●土木工事の自動化・無人化の時代

これからの主要な土木事業

洋上風力発電

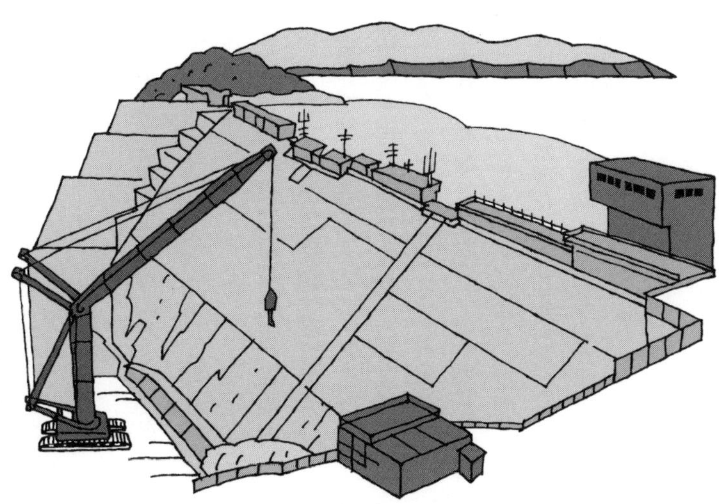

ダムの再生（ダムの嵩上げ）

ダムの再生には、放流施設を増やしたり、取水能力を向上させたりするダムの機能を向上させるためのものと、ダム自体を嵩上げして貯水量を増やしたりするものがあります。

61 土木と国際協力

土木技術の輸出大国を目指して

幕末から明治にかけて、日本には多くの外国人技術者が来日し、当時の欧米の先端技術を日本に広めました。いわゆる御雇外国人といわれる人たちです。明治末までに欧米を中心に8000人以上が来日しています。土木の分野では、河川関係で利根運河や広島港の建設に関わったムルデルや、淀川や三国港の計画や建設に関わったエッセルや、デ・レーケ、安積(あさか)疏水(そすい)の設計や野蒜(のびる)築港計画に関わったファン・ドールンらがいます。彼らは当時河川や港湾などの土木技術の先進国であったオランダからきています。

また、鉄道関係では新橋―横浜間の鉄道建設に関わったエドワード・モレルや京都―神戸間の鉄道建設に携わったリチャード・ボイルらがいます。彼らはみな鉄道発祥の地であるイギリスからきています。ほかにも神戸の布引ダム建設に関わったウィリアム・バートンらもいます。これら最新の欧米の土木技術を学び、その後日本人の中にも次々と優秀な土木技術者が生まれてきました。現在、日本は土木技術の分野で世界トップクラスのものを数多く保有するまでの技術大国となっています。

一方、日本国内では社会基盤整備が進み、新規の公共工事が減少しています。この国内需要の減少で、海外での土木工事が増加してきています。これまでは、ODAなど国が資金を出して建設会社が海外工事を行うことが多かったのですが、最近では日本で培われた鉄道などの土木技術を海外に展開していく事業を事業者が行うようになってきています。また、東南アジアやアフリカなど上下水道が不十分な国などに水ビジネスといわれる事業を展開する企業などが増えてきています。これらは、まさにモノではなくノウハウを輸出していくものといえます。ただし、多くの国々が参入している状況をみると、民間だけでなく国がもっと積極的に土木技術の輸出に力を入れていかなければなりません。

要点BOX

- 明治期の欧米からの御雇外国人
- 世界トップクラスの土木技術を保有する日本
- 官民あげて土木技術の積極的な売込みが必要

インフラ技術の輸出

総理・閣僚等によるトップセールス実施国と主な成果

ロシア
日露首脳会談（2016年5月）で提示した8項目の協力プランに基づく取組を推進。ロシア郵便向け小型小包処理装置を受注（同年10月、11月）

ASEAN
ベトナム郵便の電子マネーシステムを受注（2017年3月）。
ミャンマーの大規模複合都市開発事業（ヤンゴン・ランドマーク・プロジェクト）へのJOIN出資決定（2016年7月）、着工（2017年2月）

北米
テキサス高速鉄道計画に関し、本邦企業が現地子会社を設立（2016年5月）、現地事業開発主体と技術支援契約を締結（同年10月）。
引き続き、米国における10年で1兆ドルのインフラ投資見込みも踏まえ、高速鉄道等への取組を推進。

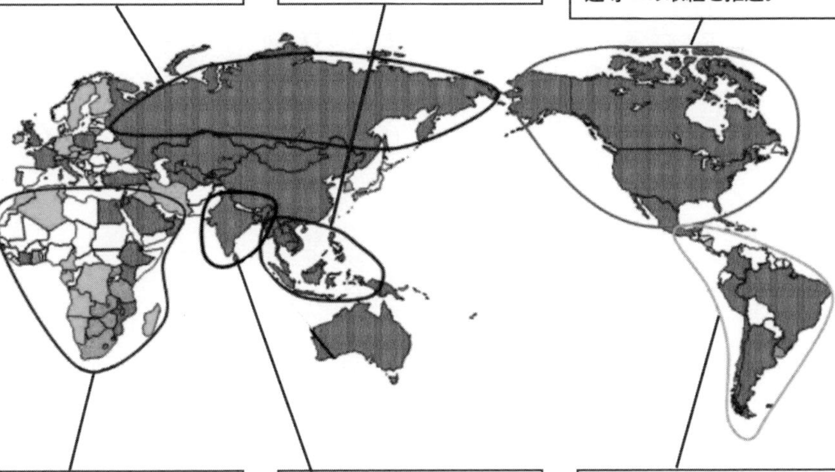

中東・アフリカ
2016年8月、アフリカ開発会議を初めてアフリカで開催。モンバサ・北部回廊、ナカラ回廊、西アフリカ「成長の環」を中心にインフラ投資を展開。
ケニアにおけるオルカリアV地熱発電所を受注（2017年3月）

南アジア
インドにおけるデリー・ムンバイ間貨物専用鉄道の土木パッケージを受注（2016年5月、11月、2017年1月）。

中南米
コロンビア公共放送局から地デジ送信機を受注（2016年9月）。
キューバとの首脳会議（2016年9月）に基づき二国間協議会を設置し、キューバ・日本医療センターの実現可能性調査を実施中。

出典：内閣官房、第30回経協インフラ戦略会議

62 これからの土木工学

土木工学は総合工学としての見直しを行うべきである！

土木工学は、社会基盤整備や防災・減災を中心に人々の安心・安全な生活を実現するための学問領域といえます。長大橋梁や大深度地下構造物などを実現していくために、多くの研究が行われ、設計・施工に反映できるように体系化されてきました。これらは、重厚長大産業を支える日本のモノづくりの中心的なもののひとつといえます。一方で、戦後の日本を経済大国に押し上げたエレクトロニクス産業や自動車産業などは、小型・縮小化技術といういわば軽薄短小で世界をリードしてきました。しかしながら、最近ではそれらの技術も近隣諸国に押されてきています。また、重厚長大の代表格である高い技術を誇った鉄鋼業や造船業も陰りを見せています。このような状況の中、これまでモノづくりを中心としたいわばハードな部分を対象としてきた土木工学の分野も大きく方向転換していかなければならない時期にきています。

明治以降、工学は土木と機械から徐々に細分化され、それぞれの分野が専門化していきました。医学の分野でもそれぞれの分野が専門化していきましたが、最近ではいろいろな分野に跨る病気を診断するための総合診療が注目されています。これからの土木工学も総合工学として見直すべきであると思っています。もちろん土木工学の基本であるモノづくりを基本として、情報工学やシステム工学などをもっと積極的に取り込んでいく必要があります。そのためには、省力化・合理化を推進した巨大構造物を施工するための設計・施工技術に加えて、自動化・無人化などを取り込んだ技術を取り入れていく必要があります。一方で、膨大なインフラストックの長寿命化のための技術も取り入れていく必要があります。これからの土木工学は、工学だけに留まらず自然科学、社会科学などの幅広い知識を持ったものにしていく必要があります。

要点BOX

- モノづくりだけの学問領域からの脱却
- 土木工学の細分化された学問領域を横断的な総合工学として見直し

重厚長大を代表するビッグプロジェクトたち

	総事業費	規模	期間
東京アクアライン	約1兆4400億円	道路延長15.1km	約10年
明石海峡大橋	約5000億円	全長3911m	約8年
温井ダム	約1750億円	堤高156m、堤頂長382m	約27年
ボスボラス海峡横断鉄道トンネル	約3500億円	総延長13.6km	約5年

総合工学としての土木工学の姿

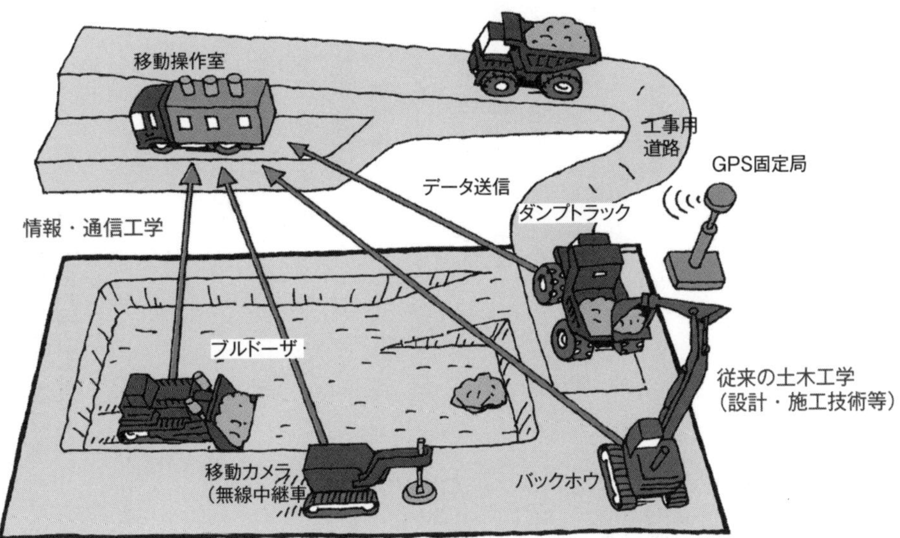

出典：先端建設技術センターの無人化施工（除石工遠隔操作システムのイメージ）をもとに作成

63 土木の未来

100年後の土木はロボットが主役？

土木の使命は、人々の生活を支え、安心・安全な暮らしを実現することであり、これは昔も今も変わらず、将来においてもその使命を全うするために土木技術は日々進化していくと思います。一方、人々の生活スタイルは多様化し、生活に必要な機能一辺倒の社会基盤整備だけでなく、利便性や環境などに配慮したインフラが求められるようになってきています。また、現在ガソリンなどで走る自動車は今後電気や水素で走るようになるだけでなく、自動車に替わりドローンが人やものを運ぶ手段となれば、現在の道路ネットワークの多くが不要になっていく可能性もあります。現在工事が進んでいるリニア新幹線の技術がもっと汎用的なものになれば、短時間に大量の物資や人を移動できることになります。さらに、より高速になれば飛行機に代わって世界中の海底や地下に輸送ネットワークができ、空を飛ぶ飛行機自体の需要が大幅に減少していく可能性もあります。

エネルギーの分野では、再生可能なエネルギーへの変換が喫緊の目標であるとすれば、将来的には核融合技術によってエネルギー事情も一変していくと思います。自立型AI技術の進歩によって、これまでの土木工事での重労働・単純作業はAIやロボットが替わって行うことになるでしょうし、土木工事の完全自動化によって、山の中にいつの間にかダムができているというのも強ち夢物語ではないかもしれません。

ただし、人々が地上で生活する限り、生活に必要な水やエネルギーなどのライフラインの整備、維持管理は変わらないでしょうし、大雨や洪水、地震、津波から守るためのインフラの整備も変わらず必要となってきます。

技術の進歩によって土木工事や土木が担う領域は大きく変わっていくでしょうが、日々の生活が安心・安全に過ごせるようにしていくための土木の仕事は将来にわたっても変わらないと思います。

要点BOX

- ●輸送手段の変化によって土木の仕事は一変？
- ●土木の仕事はAIやロボットが行う？
- ●土木の使命はこれからも変わらない

土木構造物を取り巻く社会の変化

リニアモーターカーの技術は輸送ネットワークを大きく変える。
より高速に、より大輸送となる時代に対応

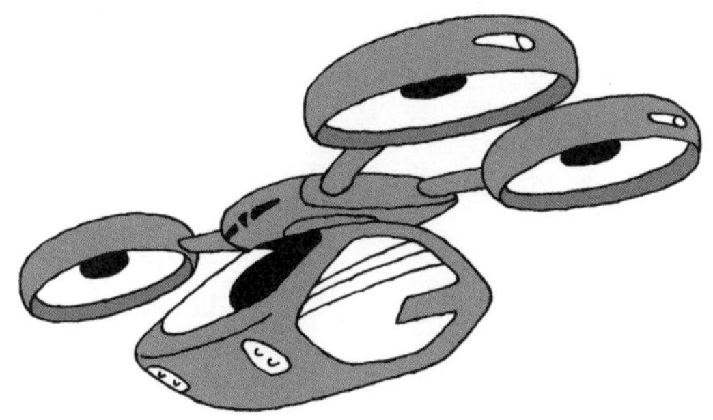

人や物を運べるドローンが道路ネットワークを一変させる

AIロボットの発展により完全自動化施工で土木工事が一変する。

64 土木の仕事は終わらない

人々の日々の安心・安全を守る土木の仕事は未来永劫続きます

人々を自然災害などの天災から守り、日々の生活に必要な水やエネルギー、食糧を安定して供給するための施設を整備・維持している土木の仕事は、その時代の要求や技術力に応じて変化していますが、行っていることは大きく変わっていません。もちろん、川に橋を架ける工事では、古代では石や木材を用い、全て人力で行っていました。当然多くの人手が必要であり、時間もかかっていました。洪水などで何度も流されてしまうこともあったと思います。18世紀以降の鋼材や鉄筋コンクリートの発明と蒸気機関による機械施工が可能になって、より丈夫で長く大きな橋が架けられるようになりました。

現在では、機械化施工が進み、耐久性が高くより長大な橋梁を少ない人員で早く施工できるようになりました。また、完成した橋をより長く使用するための維持管理も行われるようになりました。時代が変わってもそこに川があり、人々がその川を渡るための橋の必要性は変わらないのです。その橋を構築し、管理し、架け替えの時期がくれば、古い橋を取り壊し、新しい橋を架けるというライフサイクルを繰り返していくのです。

このように、土木の仕事はインフラの整備と維持管理、更新を繰り返しながら、その時代に必要な構造物を提供してきたのです。例えば橋の場合、江戸時代までは、人や馬が通れるだけの幅員と強度があればよかったのですが、明治以降鉄道や車のような重量物を通すための形状や大きさ、強さなどを持った橋が求められるようになり、そのための材料や設計・施工法が生まれてきました。

土木の仕事は、人々の生活がそこにある限り未来永劫終わらないのです。そこには、より快適な暮らしができるような工夫がなされ、より長く使えるような材料や設計・施工法が開発され、その時代に適合した構造物を提供していくことになるのです。

要点BOX

- ●時代の要求に応じた土木の仕事
- ●人々の生活がそこにある限り土木の仕事はなくならない

橋の進化

江戸時代

江戸時代までは人や馬が通れるほどの幅や強度があればよかった。

明治時代

人や馬のみでなく、車やトラック、バス、路面電車などの重量物が通るようになり、より幅広く、強度の高い橋となっていた。

未来

さらに進化した橋は、重要な機能を持つ構造物として社会を支えるのか…？　それとも橋がなくなるような新時代が来るのか !?

人々の
生活がそこにある限り、
土木の仕事は
続いていくのだ

Column

土木に多大な影響を与えた人たち
吉田徳次郎と田中豊

吉田徳次郎（1888年～1960年）は、明治21年に兵庫県で生まれ、1912年に東京帝国大学土木工学科卒業後、九州帝国大学に赴任し、1924年に教授となっています。九州帝国大学では、構造力学や鉄筋コンクリート工学等を教えていました。1938年に東京帝国大学教授となり、1949年に退官するまでコンクリート工学や鉄筋コンクリート工学を教えていました。吉田は、1919年～1921年までアメリカのイリノイ大学に留学しています。留学中は、コンクリートの圧縮強度がセメント空隙比によって定まるというコンクリートの強度理論を提唱した有名なアーサー・ニューウェル・タルボット（Arthur. N.Talbot）教授の元で、理論研究だけでなく実験を基にした研究の重要性を学んだそうです。吉田は、戦前・戦後における日本のコンクリート工学を支えた一人といえます。また、数多くの土木現場に赴き、コンクリート技術に関する指導や助言を行っています。現場には、必ずハンマを持っていったそうです。吉田は、土木学会のコンクリート標準示方書のコンクリート委員会の委員長や土木学会の第37代会長を務めています。土木学会では、吉田が亡くなった翌年に、日本のコンクリート技術の基礎を築いた生前の功績を称えて、コンクリートおよび鉄筋コンクリート技術の進歩向上に寄与することを目的とした「吉田賞」が創設されています。

田中豊（1888年～1964年）は長野市に生まれ、1913年東京帝国大学土木工学科卒業後、鉄道省（戦後の運輸省で、現在の国交省）の技術部に入省しています。関東大震災後、帝都復興の橋梁課長となり、設計責任者として隅田川に架かる永代橋や清洲橋等に当時の鋼橋の先端技術を取り入れて橋梁の近代化技術の礎を築きました。また、新潟の萬代橋の設計を行っており、ほかにも総武線隅田川橋梁や東武伊勢崎線隅田川橋梁等の鉄道橋の設計にも関わっており、数多くの橋梁設計に関する業績を残しています。さらに、東京大学の教授として橋梁技術者の育成にも貢献しています。土木学会では、吉田徳次郎と同様に1966年に橋梁・鋼構造工学に関する優秀な業績に対する賞として「田中賞」が創設されました。

2人は、戦前戦後の土木工学、特に構造力学、橋梁工学、鉄筋コンクリート工学などの礎を築いた偉大な土木技術者といえます。

【参考文献】(順不同)

・「行基」速水侑編、吉川弘文館、2004年
・「列島強靭化論」藤井聡著、文春新書、2011年
・「物語 日本の土木史」長尾義三著、鹿島出版会、1985年
・「ようこそドボク学科へ」佐々木葉監修、学芸出版社、2015年
・「法政大学　デザイン工学部　ガイドブック」2020年
・「モリナガ・ヨウの土木現場に行ってみた!」モリナガ・ヨウ著、溝渕利明監修、アスペクト、2010年
・「見学しよう工事現場3　ダム」溝渕利明監修、ほるぷ出版、2011年
・「コンクリート崩壊」溝渕利明著、PHP新書、2013年
・「コンクリートの文明史」小林一輔著、岩波書店、2004年
・「材料力学史」S.P.ティモシェンコ著、最上武雄監訳、鹿島出版会、1982年
・「土木文明史概論」合田良實著、鹿島出版会、2001年
・「土木計画学」藤井聡著、学芸出版社、2008年
・「土木デザイン論」篠原修著、2003年
・「土木の将来・土木技術者の役割　報告書」土木学会、2007年
・「『土木』の由来」土木学会全国大会社会コミュニケーション委員会討論会、土木学会、2014年
・「学習者が感じる水理学の難しさーアンケート調査」田中岳、土木学会第63回年次学術講演会、pp.1-2、2008年
・「総合工学とは何か」吉川弘之、学術と動向、pp.8-21、2010年
・「土木技術者の実践に見る総合工学」第22回コンサルタントシンポジウム、土木学会、2008年
・「土木哲学・土木社会論への期待」平野勇、土木技術資料50-9、pp.4-5、2008年
・「土木計画学の新しいかたち」藤井聡、計画学・論文集、22 (1), pp.1-18、2005年
・「科学哲学の必要性」高橋昌一郎、物理教育第50巻2号、pp.103-107、2002年
・「公共事業の構想段階における計画策定プロセスガイドライン(解説)」国土交通省、2009年
・「土木計画学の進化と社会的役割」稲村肇、土木学会第95回総会特別講演、2009年
・「リスクを意識した治水技術体系の展望と課題」藤田光一、国総研講演会、2011年
・「土木構造物設計ガイドライン」国土交通省、2019年
・「土木・建築にかかる設計の基本」国土交通省、2002年
・「公共工事の入札契約方式の適用に関するガイドライン」国土交通省、2015年
・「建設現場で働くための基礎知識」建設産業担い手確保・育成コンソーシアム、建設業振興基金、2019年
・「建設機械の歴史」岡本直樹、建設の施工企画、日本建設機械協会、pp.37-43、2008年
・「インフラシステム輸出戦略」第47回経協インフラ戦略会議資料、2020年
・「『重厚長大』が日本のモノづくりの強さ」後藤康浩,JOI、2012年

必見！　土木構造物一覧			
構造物種別	構造物名	国名	注目ポイント
橋梁	通潤橋	日本	通潤橋は、1854年に造られた石造アーチ橋です。橋長78m、幅員6.3m、高さ約20mで、支間長28mです。橋には3本の石管が通っています。国の重要文化財に指定されています。
防波堤	小樽北防波堤	日本	小樽港の北防波堤は、今から120年以上前（1897年に着工）に建設されたもので、現在でも使用されている防波堤です。この北防波堤は、土木技術者であった廣井勇博士（当時小樽港築港事務所長）が欧米での留学で得た当時の最先端の築港技術を駆使して建設を行っています。廣井博士は、建設時においてコンクリートの長期耐久性確認のために6万個に及ぶ供試体を作製し、100年以上経過した現在でも強度試験が実施されており、所定の強度を確保していることが確認されています。札幌からも比較的近いので、北海道に行かれる時があったら是非小樽の北防潮堤を見に行ってみてください。
貯水槽	外郭放水路 調圧水槽	日本	首都圏外郭放水路は、治水施設のひとつで、延長約6.3kmあり、国道16号の地下約50mに建設された世界最大級の地下放水路です。この放水路は、周辺の中小河川洪水時にこの施設を通して江戸川に流すためのものです。放水路トンネルは、1993年着工、2006年に完成しています。このうち、放水路トンネルに流入する水の勢いを調整する調圧水槽は、長さ177m、幅78mで、59本の巨大な柱が林立しています。その貯水量は、約67万m^{3}で、通常時はこの地下の大空間を見学することが可能です。必見の価値がある地下構造物です。
運河	パナマ運河	パナマ共和国	パナマ運河は、中米のパナマ共和国内のパナマ地峡を開削して太平洋と大西洋を結んでいる閘門式運河です。全長は約80km、幅が91m～200m、最浅部が12.5mで1904年着工、1914年に開通しています。当初、パナマ運河はアメリカが管理していましたが、1999年にパナマ共和国に返還されています。このパナマ運河建設には、日本の土木技術者である青山士が唯一従事しています。青山は、採用当初末端の測量員でしたが、最後はガトゥン閘門の設計を担当し、ガトゥン工区の副技師長に昇進しています。ただし、パナマ運河の完成を見ることなく、1911年11月に帰国の途に就いています。パナマ運河には青山士の功績を称えた記念室があるそうです。また、青山氏は荒川放水路の建設を指揮し、信濃川大河津分水路の改修工事を指揮しています。パナマ運河までは遠いという方には、そちらを是非訪れてみてはどうでしょうか。
橋梁	フォース橋	イギリス	フォース橋は、イギリスのエディンバラ近郊のフォース湾に架かる鉄道橋です。全長は2530mのカンチレバートラス橋で1890年に完成しており、130年経過した現在でも使用されています。橋は、3つの菱形をしたカンチレバーとその中間のガーダー橋で構成されています。支間長は521mで、3つあるカンチレバーの高さは104m。長さは415m。桁橋の長さは106mで、海面からの高さは46mです。使用された鋼鉄は51000トン以上といわれており。約800万個のリベットが使用されています。専属の塗装工がいて、塗装に3年かかるそうです。
橋梁	アイアンブリッジ橋	イギリス	アイアンブリッジは、イングランド中西部にあるセヴァーン川に架かる全長約60mの鋼橋で、世界初の鋳鉄製のアーチ橋といわれています。1779年に着工、1781年に完成しています。元々は、鉄や石炭・石灰石を輸送するために使用されていましたが、現在は歩行者専用となっています。アイアンブリッジを含むアイアンブリッジ峡谷は、ユネスコによって世界遺産に登録されています。イングランドのコッツウォルズや湖水地方へ行かれる時は、足を延ばしてアイアンブリッジも是非訪れてみてください。
水道橋	ポン・デュ・ガール	フランス	ポン・デュ・ガールは、フランス南部のガルドン川に架かる水道橋です。古代ローマ時代の西暦50年頃に建設されています。ポン・デュ・ガールは、全長約50kmのニームへの導水路の一部で、下層は6連アーチ、中層は11連アーチ及び上層は35連アーチの3層構造からなっています。川からの高さは最も高いところで約49mあります。橋の長さは142m 、幅6m あります。19世紀にはナポレオン3世の命令で改修されています。現存している同様のローマ時代の水道橋としては、スペインのセゴビア、トルコのイスタンブールにもあります。フランスのニースなど行かれる時は少し足を延ばしてローマ時代の土木の遺構を是非見に行ってください。
橋梁	ミヨー橋	フランス	ミヨー橋は、フランス南部、タルン川渓谷に架かる道路専用の斜張橋です。主塔の高さがエッフェル塔よりも高い343mで、世界一高い橋といわれています。2001年着工、2004年に完成しています。ミヨー橋は、8スパンの鋼製桁、コンクリート製橋脚で構成されています。桁は総重量36000トン、橋長2460m、幅員32mあります。中央径間は各342mあります。フランス南部にいかれる時は、是非この橋を通ってください。運がよければ雲海の上を走行することができるかもしれません。
墳墓	クフ王の ピラミッド	エジプト	ギザのピラミッドは、エジプト第4王朝のファラオであったクフ王の墳墓として紀元前2560年頃に20年前後かけて建築されたといわれています。ピラミッドの高さは、現在138.74mあり、底辺が230.37m、石灰岩を約280万個使用して造られています。
城壁	万里の長城 （八達嶺長城）	中華人民共和国	万里の長城は、延長が6259.6kmの長大な城壁です。北方異民族の侵攻を防ぐために、秦の始皇帝が紀元前214年に建設されたとされています。その後多くの王朝によって修築と移転が繰り返されています。現存する万里の長城の大部分は明代に造られたものです。万里の長城を訪れるとしたら、北京から比較的近い八達嶺長城に行かれたらよいです。

必見! 土木構造物一覧			
構造物種別	構造物名	国名	注目ポイント
ダム	烏山頭ダム（うさんとうダム）	台湾	八田與一がダムの計画策定を行い、1920年着工、1930年に竣工した嘉南平原の農業灌漑を目的とした利水ダムです。台湾に旅行された際は、士林夜市、故宮博物院、龍山寺、九份もよいですが、日本の土木の偉大な技術者が台湾の人々のために心血を注いだダムにも是非訪れてみてください。
ダム	フーバーダム	アメリカ合衆国	フーバーダムは、現在のコンクリートダムの設計・施工法を確立したダムで、1931年着工し、1936年に竣工した重力式アーチダムです。世界大恐慌の対策として打ち出したニューディール政策の一環として建設されたものです。名前の由来は、着工時のアメリカ合衆国大統領のハーバート・フーバーにちなんで名付けられました。ダム直下には、バイパス道路として大林組がコロラドリバー橋の建設を行っています（2010年10月竣工）。堤高221m、堤長379メートルで、貯水量は約400億トンあり、これは日本のダムの総貯水量（250億トン）よりも多いのです。アメリカでラスベガスに行かれることがあったら、是非立ち寄っていただきたいところです。その巨大さに驚嘆すること間違いなしです。
ダム	黒部ダム	日本	黒部ダムは、黒部川に建設された水力発電専用のアーチダムである。1956年着工、1963年に竣工しています。堤高186m、堤長492m、貯水量は2億トンで、日本で最も高いコンクリートダムです。関西電力が社運を掛けて建設したダムであり、初代社長である太田垣士郎氏が陣頭指揮に立って建設に当たりました。北アルプスの秘境といわれた黒部峡谷に建設された黒部ダムは、必見の価値のあるダムといえます。
ダム	布引五本松ダム	日本	布引五本松ダムは、日本初の重力式コンクリートダムです。堤高は33.3m、堤頂長110.3m、総貯水量41万7千m^3で、1897年着工、1900年に竣工しており、120年経った今も水道用ダムとして使用されています。新幹線の新神戸駅から北に約1kmのところにあり、途中布引の滝を見ながら自然豊かな渓谷を散策しながらダムを見に行ってはどうでしょうか。
ダム	狭山池ダム	日本	狭山池は、飛鳥時代前期頃（正確な築造年代は不明）に川の一部に堰を設けてため池としたもので、記録に残る日本最古のダムです。ため池の中の樋に使用された木材の年輪年代測定結果から616年と判定さており、この頃築造されたのではないかと考えられています。奈良時代の行基（東大寺の大仏造立の責任者、コラム参照）や鎌倉時代の重源（南都焼討ちで焼失した東大寺大仏殿を復興させた僧侶）が狭山池の改修を行っています。大阪に行かれた際は、大仙陵古墳（仁徳天皇陵）とともに是非立ち寄ってみてください。
ダム	ティビ・ダム	スペイン	ティビ・ダムは、スペイン南東部のアリカンテ市から北西に約20kmいったティビ村の山間部にある石造りの重力式アーチダムです。完成は、今から400年以上前の1594年です。堤高は43mあり、現在も現役のヨーロッパで最古のダムといわれています。ティビ・ダムは、アリカンテ市民の浄財と寄付によって灌漑用のダムとして建設されました。スペインに旅行された際は、マドリードやバルセロナもよいですが、コスタ・ブランカの港湾都市であるアリカンテにも是非訪れて、少し足を延ばして白亜の石造ダムも是非見に行ってください。
ため池	満濃池	日本	満濃池は、日本最大の灌漑用のため池です。貯水量は1540万トンで、704年頃に築造されたようです。818年に大雨で堰が決壊し、なかなか修復できなかったのですが,821年に空海が僅か2カ月で修復したといわれています。現在でも灌漑用のため池として使用されています。香川の金刀比羅宮に行かれることがあったら、少し足を延ばして空海（弘法大師）も眺めたであろう満濃池の水面を是非見に行ってみてください。
橋梁	かずら橋	日本	かずら橋は、長さ45m、幅2m、谷からの高さ14mあり、サルナシ（しらくちかずら）などの葛類を使って架けられた原始的な吊橋で、日本三奇橋の一つといわれています（三奇矯は諸説あって、山梨の猿橋、山口の錦帯橋、富山の愛本橋、栃木の神橋などがあります）。川底を見ながら揺れる橋を渡るのも楽しいと思います。
橋梁	錦帯橋	日本	錦帯橋は、橋長193.3mの五連の木造アーチ橋で、1673年に建設されています。橋は、釘を1本も使わずに継手や仕口といった組木の技術によって造られています。
橋梁	明石海峡大橋	日本	明石海峡大橋は、1986年着工し、1998年に完成しています。全長3,911 m、中央支間1,991 mで世界最長の吊橋です。また、主塔高さは海面上298.3 mあります。阪神淡路大震災で、全長が約1m伸びています。
墳墓	大仙陵古墳（仁徳天皇陵）	日本	大仙陵古墳は、五世紀前期～中期に築造された前方後円墳で、百舌鳥古墳群を構成する古墳の1つです。宮内庁では、百舌鳥耳原中陵として仁徳天皇の陵墓に治定しています。大仙陵古墳は、古墳最大長840m、古墳最大幅654m、墳丘長525.1m、墳丘基底部面積121,380m^2で日本最大の古墳です。また、2019年に仁徳天皇陵古墳を含む百舌鳥・古市古墳群がユネスコの世界文化遺産として登録されることが決まりました。古代の土木建設の国家的プロジェクトといえます。大阪に行かれた際は、是非立ち寄ってみてください。

期欠陥の有無や施工時での補修の有無などになります。また、大規模な改修を行った場合、その段階が初期状態となるので、その時の構造物の点検結果となります。

■ 日常点検

比較的短い間隔（数日から1カ月程度）で、構造物の目視観察結果変状の有無などを確認するものです。

■ 定期点検

目視調査だけでなく,各種検査機器を用いて劣化状況などを調査・点検することです。点検間隔は、1年から数年で実施することが望ましいのですが、2014年6月に国土交通省が橋梁やトンネルの点検要領として、5年に1度の点検を義務付けたことから、現在では全ての橋梁、トンネルに関しては5年に1度の定期点検を実施しています。

■ 臨時点検

大規模災害で被害を受けた場合において,構造物の安全性,使用性などの点検、被災した構造物と類似した構造形式や今後同様の劣化や損傷の可能性があると判断した場合に実施される点検のことです。

■ 緊急点検

構造物に生じた損傷や劣化などの変状が原因で事故が発生した場合、同様な事故の発生を未然に防ぐために類似の構造物や構造形式を有する構造物を緊急に一斉点検することです。

■ 点検強化

補修や補強などの対策が必要と判定されたものの、直ちにそれらの対策を講じることが難しい場合や対策を講じずに経過観察とし、その代わりに点検頻度を増やしたり調査項目を追加したりするものです。

ないようにするものです。 山留めの場合、壁のように垂直に建てられるので、それらを山留壁と呼んでいます。

■ 切 梁(きりばり)

山留めを施工した時、周囲の地盤が崩れないように矢板など山留材を支える水平部材のことです。 特に深度が深くなると周囲の土圧が大きくなるので、この切梁が必要となります。

■ 躯 体

構造物を支える構造部材のことで、柱、梁、床、壁などが相当します。

■ ホイールローダ

トラクターショベルの中の車輪で走行するものです。タイヤショベルなどとも呼ばれることがあります。

■ スプレッダ

アスファルトやコンクリートを路盤上に均等に敷き均すための機械です。舗装面に対して旋回横行自在のブレードを備えたものや、底部のゲートを開きゲートの下端で敷き均すボックス型などがあります。

■ リスクマネジメント

リスクを管理(定期的な調査や検査による維持管理)し、インフラにおける大規模事故(例えば,経年劣化による落橋など)の回避などを図ることです。

■ 予防保全

あらかじめ定めた基準や手順に従って計画的かつ定期的な調査や補修を行うことによって、劣化の進行や耐久性の低下などを未然に防ぐ方法です。

■ 予防維持管理

対象構造物で劣化が顕在化した後でメンテナンスが困難となる場合や劣化がかなり進行した状態で、構造物などに重大な機能低下(耐力低下)が生じた場合に第三者に対し安全性が重要となるような状況が生じないように事前にメンテナンスを行うことです。

■ 事後維持管理

性能低下の程度に応じて対策を講じるもので、対象とした構造物で劣化が顕在化した後でも容易に対策が講じられ、劣化が構造物表面に現れたとしても構造性能などに大きな影響を与えない構造物におけるメンテナンスです。

■ 観察維持管理

具体的な補修や補強などの対策を講じることのない構造物で、点検は行うものの具体的な対策を講じず、例えば更新時までその状況だけを把握する管理方法です。

■ 初期点検

対象構造物の竣工時(完成時もしくは供用開始時)での点検で、具体的には初

■ パーソントリップ調査

都市における人の移動に着目した調査で、世帯や個人属性に関する情報と1日の移動をセットで尋ねます。どのような人が、どのような目的で、どこから どこへ、どのような時間帯に、どのような交通手段で移動しているかを把握するものです。人(パーソン)に着目しているため、公共交通、自動車、自転車、徒歩といった交通手段の乗り継ぎ状況を捉えた調査を行います。

■ 確率降水量

過去の降水量の観測データから50年や100年といった長い期間に1回といった稀な大雨はどれくらいかを統計的に推定した値です。また、その現象(例えば、1日で100mm降ること)が1回起こりうる50年や100年という期間を再現期間といいます。ただし、再現期間100年の確率降水量は、あくまでも確率なので、実際にはある100年の間に2回起こることもあれば1回も起こらないこともありえるのです。

■ 一般競争入札

競争入札のうち入札情報を公告して参加申込を募り、希望者同士で競争による契約者を決める方式です。発注者は参加資格を定めることができ、参加資格を定めた場合は随時申請を受け付けて審査名簿に希望者を登録していきます。また、発注者は入札に必要な資格を定めることができます。

■ 指名競争入札

競争入札の手法の1つで、特定の条件により発注者側が指名した者同士で競争によって契約者を決める方式です。

■ 総価請負契約

受注業者が建設工事を一式総額のみで請負う方式で、契約締結後に設計変更などで当初の契約条件が変わらない限り、実際に工事で要した費用が契約額を超えた場合でも発注者から追加の支払いが発生しない方式です。

■ 設計図書

建設場所や構造物などの工事用図面と仕様書のことで、構造物の図面や仕様以外にも地質、周辺環境など工事に関わる内容が示されたものの総称です。

■ 地鎮祭

土木工事などで工事を始める前に行う行事の1つです。その土地の守護神を祀り、土地を利用させてもらうことの許しを得るための祭事です。地鎮祭には、神式と仏式がありますが、神を祀って工事の無事を祈る儀式として執り行われることが多いようです。

■ 山留め

地盤を掘削する時に周りの地盤が崩れ

土木技術に関する用語の解説

■ ライフライン

元々は、英語で命綱の意味ですが、主にエネルギー施設、水供給施設、交通施設、情報施設などのインフラを指す用語として用いられています。つまり、ライフラインは現代における電気、ガス、水道、電話やインターネットなどの通信設備、鉄道、道路などの都市機能を維持するために必須の諸設備ということになります。

■ インフラ（インフラストラクチャー）

国民の福祉向上および経済発展に必要な公共施設であり、社会基盤、基盤施設などともいわれます。通常は道路、堤防、橋梁、鉄道などの社会の生活基盤および経済・産業基盤を形成するものの総称として使用されます。ほかにも学校や病院などの公益施設を含む場合があります。

■ 意 匠

物品（物品の部分を含む）の形状、模様もしくは色彩またはこれらの結合であり、建築物（建築物の部分を含む）の形状などの視覚を通じて美感を起こさせるもの。

■ 治 水

洪水などの水害や、土石流などの土砂災害から生命および財産を守るための事業であり、堤防やダムなどの整備、河川流路の付け替え、浚渫による流量確保などのことを指します。

■ 自然科学

取り扱う対象は、宇宙から素粒子まであります。生物や生息環境も対象です。ただし、文化や社会、芸術などは対象外であり、それらは人文科学や社会科学になります。

■ 水文学（すいもんがく）

自然界における水の循環を中心概念とする学問分野です。研究分野は、降水研究、雪氷、蒸発散、地表水、侵食と堆積、水質、水資源システムなどです。雨・雪などの降水から流出までの流域を扱う分野を流域水文学、地球規模での降水、蒸発散、水蒸気輸送なども含めた領域を扱う分野を地球水文学といわれています。

■ 共同溝

公益事業者（認定電気通信事業者、一般電気事業者、卸電気事業者、特定電気事業者、一般ガス事業者、簡易ガス事業者、水道事業者、水道用水供給事業者、工業用水道事業者、公共下水道管理者、流域下水道管理者、都市下水路管理者）が公益物件（電線、ガス管、水管、下水道管）を収容するために、道路管理者が道路の地下に設ける施設。

■ 環境アセスメント

環境影響評価のことです。主として大規模開発事業などによる環境への影響を事前に調査することによって、予測、評価を行う手続きのことです。

詳細設計付工事発注方式——94
仕様書——86
浄水施設——138
使用性——78
初期点検——122
初期投資——118
ジョン・スミートン——24
自立型AI技術——146
随意契約方式——94
水文気象学——40
水理解析——38
水理学——26・28・32
水和反応——38
スクラッチアンドビルド——116
施工一括発注方式——94
施工計画書——80・98・102
設計・施工法——148
設計計算書——76・80
設計図面——76
設計耐用期間——112
設計図書——76・98
設計変更——80
総価契約方式——94
総合評価方式——94
総事業費——126
測量機器——108

タ

耐久性——78・116
耐震工学——40
大深度地下構造物——144
耐用年数——54・66
地質調査——76
長寿命化——114・140
定期点検——122・128
出来高検査——88
点検強化——124
都市計画——20・24・52・56
土質力学——28・32
特記仕様書——86
土木計画学——52
土木の三力——38

ナ

日常点検——122・128
入札——94
農業被害——66

ハ

パーソントリップ調査——60
破壊メカニズム——40
発注者——76
非破壊検査——36・120
評価システム——54
費用便益分析——62
疲労荷重——76
疲労設計——78
復旧性——78
プランニング——54
プログラミング——38・40・64
文献調査——62
変更計画書——98
防災工学——40

マ

見積資料——86
無人化施工——140
メンテナンス——40・120・122・128
目視検査——120
問題解決能力——72

ヤ

山留——106
要求性能——124
予測技術——40

ラ

ライフサイクル——78・118・126
ライフライン——14・106
ランニングコスト——62
リスクマネジメント——84・118
リニューアル工事——140
流域水文学——40
臨時点検——122
劣化要因——122
劣化予測——82

索引

100年確率降雨 66
CAD 82
Civil Engineering 20
CM 88
LCA 62
LCC 62・118

ア

アクセス道路建設 58
アセスメント 54
安全管理 88・118
安全性 78
維持管理 36・114・126
意匠 72
一般競争入札 94
イノベーション 68
インクライン 96
インスペクター 88
インフラ 14・16・52・114
遠隔施工 134
エンジニアリング・デザイン 72

カ

カーボンナノチューブ 134
概算工事費 80
解体撤去 118
概略計画 58
概略数量計算書 80
価格競争方式 94
仮設構造物 106
環境影響 52・62
環境性 78
気象予測解析 38
既存不適格構造物 124
基本設計 80
共通仕様書 86
供用期間 124
緊急点検 122
クレーン 108
計画 32・54・58
景観設計 72
経年劣化予測 118
契約図書 86
下水施設 138
建設機械 132
建設コンサルタント 84
建設費用 126
現場説明事項書 86
合意形成 56
工事価格算定 86
工種別数量計算書 80
更新時期 118
更新費用 126
構造力学 26・28
交通量調査 60
工程管理 102
国土計画 52・56・68
コンクリート 32・112
コンストラクションマネジメント 88

サ

サーモグラフィ 120
再生可能エネルギー 140
材料力学 26
山岳土木 46
三力 28
地震応答解析 38
事前調査 76
地鎮祭 106
実施設計 80
地盤(基礎)設計 78
指名競争入札 94
社会基盤整備 116・146
住民参加 56
受注方法 94
寿命設計 82
寿命予測 40
準備工 96・106
詳細設計 80

今日からモノ知りシリーズ
トコトンやさしい
土木技術の本

NDC 510

2021年3月30日　初版1刷発行
2024年4月26日　初版4刷発行

©著者　溝渕 利明
発行者　井水 治博
発行所　日刊工業新聞社
東京都中央区日本橋小網町14-1
(郵便番号103-8548)
電話　書籍編集部　03(5644)7490
販売・管理部　03(5644)7403
FAX　03(5644)7400
振替口座　00190-2-186076
URL　https://pub.nikkan.co.jp/
e-mail　info_shuppan@nikkan.tech
印刷・製本　新日本印刷(株)

●DESIGN STAFF
AD——志岐滋行
表紙イラスト——黒崎　玄
本文イラスト——榊原唯幸
ブック・デザイン——奥田陽子
(志岐デザイン事務所)

●
落丁・乱丁本はお取り替えいたします。
2021 Printed in Japan
ISBN　978-4-526-08125-5 C3034

●著者略歴
溝渕 利明(みぞぶち・としあき)

法政大学デザイン工学部都市環境デザイン工学科教授
専門分野：コンクリート工学、維持管理工学

●略歴
1959年　岐阜県生まれ
1982年　名古屋大学工学部土木工学科卒業
1984年　名古屋大学大学院工学研究科土木工学専攻修了
1984年　鹿島建設(株)に入社、技術研究所に配属
1993年　広島支店温井ダム工事事務所に転勤
1996年　技術研究所に転勤
1999年　LCEプロジェクトチームに配属
2001年　法政大学工学部土木工学科・専任講師
2003年　法政大学工学部土木工学科・助教授
2004年　法政大学工学部都市環境デザイン工学科・教授
2007年　法政大学デザイン工学部都市環境デザイン工学科・教授
2013年　公益社団法人日本コンクリート工学会・理事
2016年　一般社団法人ダム工学会・理事

●主な著書
「よくわかるコンクリート構造物のメンテナンス　長寿命化のための調査・診断と対策」日刊工業新聞社、2019年
「今日からモノ知りシリーズ　トコトンやさしいダムの本」日刊工業新聞社、2018年
「図解絵本　工事現場」監修、ポプラ社、2016年
「コンクリート崩壊」PHP新書、2013年
「見学しよう工事現場1～8」監修、ほるぷ出版、2011年～2013年
「コンクリートの初期ひび割れ対策」共著、セメントジャーナル社、2012年
「モリナガ・ヨウの土木現場に行ってみた!」監修、アスペクト、2010年
「土木技術者倫理問題」共著、土木学会、2010年
「基礎から学ぶ鉄筋コンクリート工学」共著、朝倉書店、2009年
「コンクリート混和材料ハンドブック」(第6章第4節マスコンクリート)、エヌ・ティー・エス、2004年
「初期応力を考慮したRC構造物の非線形解析法とプログラム」共著、技報堂出版、2004年